世界经典科普读本

人类在自然界的位置

Man's Place in Nature

〔英〕托马斯·亨利·赫胥黎 ◎ 著
李思文 ◎ 译

北京理工大学出版社
BEIJING INSTITUTE OF TECHNOLOGY PRESS

版权专有 侵权必究

图书在版编目（CIP）数据

人类在自然界的位置 /（英）托马斯·亨利·赫胥黎著；李思文译.
— 北京：北京理工大学出版社，2017.8（2023.3重印）
ISBN 978-7-5682-3898-4

Ⅰ.①人… Ⅱ.①托… ②李… Ⅲ.①古人类学 Ⅳ.①Q981

中国版本图书馆CIP数据核字（2017）第072473号

出版发行	/ 北京理工大学出版社有限责任公司
社　　址	/ 北京市海淀区中关村南大街5号
邮　　编	/ 100081
电　　话	/ （010）68914775（总编室）
	（010）82562903（教材售后服务热线）
	（010）68948351（其他图书服务热线）
网　　址	/ http://www.bitpress.com.cn
经　　销	/ 全国各地新华书店
印　　刷	/ 三河市冠宏印刷装订有限公司
开　　本	/ 700毫米×1000毫米　1/16
印　　张	/ 8.5
字　　数	/ 96千字
版　　次	/ 2017年8月第1版　2023年3月第4次印刷
定　　价	/ 22.00元

责任编辑	/ 申玉琴
文案编辑	/ 申玉琴
责任校对	/ 周瑞红
责任印制	/ 边心超

图书出现印装质量问题，请拨打售后服务热线，本社负责调换

告读者

  在过去的三年中,我曾对不同行业的听众演讲过本文的大部分内容,并已经以演讲集的形式出版了。

  对于本文的第二部分内容,我曾在1860年对工人们讲过六次,又在1862年对爱丁堡哲学学会的会员们讲过两次。在演讲过程中,我发现听众十分了解我的观点,这使我了解到我并没有像一般科学工作者那样,喜欢用无关重要的术语来模糊自己的意思,导致读者难以理解。我对这一问题的各个方面都进行了长时间的思考,所以文中的结论,无论正确与否,都不是草率得出来的,这一点也许可以使读者满意。

托马斯·亨利·赫胥黎
1863年1月于伦敦

目录
Contents

第一章　类人猿的自然史……………………………001
第二章　人和次于人的动物的关系……………………051
第三章　关于几种人类化石的讨论……………………095

第一章　类人猿的自然史

如果用现代严谨的科学研究方法去检测的话，一些古老的传说都会像梦一样消逝了；但奇怪的是，这种传说经常是一个半睡半醒的梦，可以预测现实。奥维德曾经预测过一些地质学家的发现：亚特兰蒂斯本来是一个想象出来的地方，但是哥伦布发现了西方世界；之前那些半人半马或者半人半羊的形象只是在艺术品中出现，但是现在在现实生活中的确存在一种与人类身体构造相似的生物。这些像神话传说中的半人半马或半人半羊一样的生物，不仅已经被发现，而且是众所周知的了。

1598年，皮加费塔根据葡萄牙水手洛佩兹的笔记创作的《刚果王国实况记》，是我所见过的最早的关于类人猿的记载。这本书的第十章（标题为"这个地区的动物"）中有一段关于类人猿的简要记载："在泽雷河河畔的松冈地区，很多类人猿通过模仿人类的姿势来博得王公贵族一笑。"因为这种记载对任何类人猿都适合，所以如果没有德布里兄弟的木刻插画，我未必能注意到它。在以"论证"为题的第十一章中，德布里兄弟画了两幅题为"使王公贵族们开心的类人猿"的插画。图1就是很忠实地照德布里兄弟的木刻画临摹下来的。在图画中，这些类人猿都是无尾、长臂、大耳，并且大小与黑猩猩相似。也许这些类人猿和有两翼两足、头似鳄鱼的龙一样，是那对具有创造性的兄弟想象出来的，否则就可能是画家根据关于大猩猩或者黑猩猩的真实描述绘制而成的。无论如何，这些图画还是值得一看的。17世纪，一个英国人对这种动物作了最早的记载。

图1 使贵族们开心的猿——德布里，1598年

那本最有趣的古书《帕切斯巡游记》的第一版，是在1613年出版的。这本书引用了一个被帕切斯称为"安德鲁·巴特尔"的人的许多谈话。帕切斯说："安德鲁·巴特尔（我的一个住在埃塞克斯郡利城的邻居）在圣保罗城的西班牙国王手下的总督佩雷拉那里当兵，他曾经和总督一起到安哥拉的内地旅行。"他又说："我的朋友安德鲁·巴特尔在刚果王国住了

第一章　类人猿的自然史

很多年。那时他因为与葡萄牙士兵（安德鲁·巴特尔是这个队伍中的中士）发生了争执而躲到丛林中避难，在那里居住了八九个月。"从这个饱经风霜的老兵口中，帕切斯非常惊讶地听到"有一种'大猿'，虽然整个体型与男人和女人别无二样，身长和人相仿，但是这种'大猿'的四肢比人的四肢大一倍，并且拥有强大的体力，全身还长满了毛。[①]它们用森林里的水果充饥，晚上则睡在树上。"

与上述记载相比，1625年出版的《帕切斯巡游记》的第二部分第三章虽然对问题的表述更为详细、清楚，但是却不那么准确。这一章的标题为"住在埃塞克斯郡利城的巴特尔的奇异历险记：巴特尔作为葡萄牙人的俘虏被流放至安哥拉，并在那里及周边地区住了近十八年。"这一章第六节的标题为"关于邦戈、卡隆戈、马荣贝、马尼克索克、莫廷巴斯等省，关于猿人庞戈及其狩猎情况，偶像崇拜，以及其他各种观察。"

"卡隆戈省东接邦戈，北连马荣贝；马荣贝离卡隆戈沿岸有十九里格[②]。

"马荣贝省境内森林众多，走在林中可能二十日不见阳光，而且不觉得炎热。这里不长任何谷类，当地居民以香蕉、各种草木的根和坚果作为食物，这里也没有牛羊和家禽。

"但是他们将大量大象肉作为珍品贮藏起来，同时还储存了

[①] 猿与人类的不同之处，只是腿上没有小腿肚而已。1626年出版的《帕切斯巡游记》的页边注解是这样写的："这种大型猿叫作庞戈"。
[②] 1里格=3英里；1英里=1.609千米。——编者注

大量野兽的肉和鱼。离内格罗角[1]北面二里格,有一个多沙的大港湾,这就是马荣贝的港口。葡萄牙人有时用这个港口运输苏木。这里还有一条河叫作班纳河。到了冬天,班纳河就开始泛滥。因为有季风,最终沙滩成了大海。但在太阳南斜时,天就开始下雨,水面很平静,即使是小船也可以溯流而上。河很大,河上有很多岛屿,岛上还有人居住。在那茂密的森林里,到处都是狒狒、猿、猴和鹦鹉等。无论是谁,独自在森林中旅行时,都会觉得害怕。还有两种特别可怕的怪物经常在森林里出没。

"在这两种怪物中,大的怪物土语叫作庞戈,还有一种较小的叫作恩济科。庞戈和人类的身体比例较为相似。它身体很高大,身高更接近于人类中的巨人。这种怪物的脸长得很像人,眼窝深陷,头上长有长毛。除了脸、耳朵和手上没有毛外,庞戈遍体都是暗褐色的毛,但不是很密。

"除腿部外——它的腿上没有小腿肚,庞戈和人类之间没有什么差异。庞戈用两只脚行走,走路时,两手抱着颈背。它们睡在树上,并在树上建造一些遮蔽物,以遮挡雨水。因为它们不吃肉类,所以经常在林中觅食水果和坚果。它们不会说话,和其他动物一样没有多少智力。当地人在森林中旅行时,经常在夜间就寝的地方点燃篝火。等到第二天早上游人离开后,许多庞戈就来到篝火旁,团团围坐,直到篝火熄灭,可见它们不懂得向火中添

---

[1] 据帕切斯的记载,内格罗角在南纬16度。

第一章　类人猿的自然史

加木料。庞戈成群来往，经常在林中杀死旅行的黑人。它们经常袭击到它们住所附近觅食的大象，用它们那棍棒状的拳头和木棒打大象，大象就吼叫着逃走了。庞戈很强悍，从来无法捉到活的，据说即使有十个人，也不能捉到一个庞戈，但是当地人能用毒箭捉住一些庞戈的幼崽。

"庞戈的幼崽常用手紧紧地抱着母亲的肚子，因此当地人在杀死雌庞戈时，就可以生擒吊在雌庞戈身上的幼崽。

"庞戈死亡时，它的同类就用在森林中容易找到的大量的树枝和木头来掩盖尸体"[①]。

想要确定巴特尔所讲的确切地区，看来并不困难。隆戈毫无疑问就是现在地图上称为卢安戈的地方。马贝荣现在仍在卢安戈以北沿海岸十九里格的地方。至于基隆戈（或基隆加）、马尼克索克及莫廷巴斯等，地理学家至今未能指出这些地方的确切位置。因为内卢安戈本身在南纬4°，所以巴特尔所说的内格罗角并不是现今位于南纬16度的内格罗角。但是，巴特尔所说的班纳河，与现在地理学家所称的卡马河和费尔南德·瓦斯河基本相符。这两条河在非洲海岸的这一段形成了一个大三角洲。

卡马区位于赤道以南约一度半。赤道以北数里，有一条加蓬河。在这

---

① 《帕切斯巡游记》第982页的页边注解中写道："庞戈是一种大猿。巴特尔和我在一起时，曾对我说：有一个庞戈曾经将一个黑人儿童掳去，这个黑人儿童与这些庞戈一起住了近一个月。庞戈不伤害在无防备的情况下被抓去的人。但如果这个人去监视庞戈，就会遭到袭击了。但这个黑人儿童没有这样做。据这个黑人儿童讲，庞戈身高如人，但身围比人大一倍。我曾见过这个黑人儿童。另一个怪物长什么样，巴特尔忘记说了。他的笔记在他去世后才落入我的手中，否则我就当面问他了。他所说的另一种怪物，也许是能杀人的矮小庞戈。"

005

条河的北部约一度左右还有一条莫尼河——近代博物学家都知道，曾经在这个区域捕捉到最大的类人猿。现在住在这些地区的人，把栖息在那里的两种猿中的较小的一种称为恩济科或努希戈。所以巴特尔所记述的确实是他自己看到的，至少是根据住在非洲西部的居民所说的情形描述的。虽然恩济科是巴特尔所说的"另一种怪物"，但他却"忘了说"它的性质。至于庞戈这个名字——用在详细地描述了其特点和习性的动物上——好像已经消失，至少它最初的形态和意义已经不复存在了。的确，不仅是在巴特尔的时候，甚至到最近，"庞戈"这个名字与之前使用它时相比，意义已经完全不同了。

例如，我正在引用的帕切斯著作中的第二章，包括"几内亚黄金王国的描述和历史性宣言等，由荷兰文翻译过来并且和拉丁文作过对照"，在这里面（第986页）提到：

"加蓬河位于安哥拉河以北15英里，洛佩·贡萨尔维斯角以北8英里，距圣托马斯15英里，正在赤道线以下，是一大片著名的土地。加蓬河口在水深3~4英寻[①]的地方有一片沙洲。从河口流入大海的河水，在这片沙洲上强烈地冲击着。河水在入口处至少有4英里宽，但当你到达一个叫作庞戈岛的地方的时候，就至多只有两英里宽了……河水两岸密林遍布……庞戈岛上还有一座奇异的高山。"

---

① 1英寻=6英尺=1.828 8米。——编者注

第一章　类人猿的自然史

　　法国海军军官们也在书信中用与上文类似的话记载了加蓬河的宽度、海岸以及许多树木的情况，那里还有从河口发出的迅猛的水流。这些军官们的书信附在已故的圣希莱尔关于大猩猩的著作的后面。根据军官们的描述，在加蓬河的河口有两个岛：一个较低的岛叫作佩罗魁岛；另一个较高的岛叫作科尼魁岛，上面有三座圆锥形的山。一位名叫弗朗凯的法国海军军官曾经提到：以前科尼魁的酋长叫作孟尼－庞戈，即庞戈的主人的意思。努庞杰人（这与萨维奇博士的观点基本相符，他证实当地人称自己为努庞戈）将加蓬河称为努庞戈。

　　在与野蛮人打交道的过程中，他们描述事物时所使用的词汇最容易遭到误解，所以我认为巴特尔所使用的"大怪物"的名字与它所居住的地方的名字混淆了。但他对其他问题（包括"小怪物"的名称在内）的描述却没有错误。如果对那个老旅行家的话也产生怀疑，那就未免太过分了。另一方面，我们将发现一百年后，一位航海者会提到"博戈"这个名字。这个名字是非洲的另一个地方——塞拉勒窝内的居民用来称呼一种大猿的。

　　但是，我必须将这个问题留给语言学家和旅行家解决；在类人猿较晚的历史里，"庞戈"这个词扮演了特殊的角色，否则我绝不会用这么长的篇幅来讨论它。

　　比巴特尔晚一代的人们看到第一个被运到欧洲的类人猿，或者说，这个类人猿的到访至少可以载入史册。1641年出版的托尔皮乌斯的著作《医学观察》的第三卷第五十六章（或节）记载了一种被他称为"印度半羊人"的动物，"东印度群岛的人将其称为奥兰乌旦或森林人，非洲人则将其称为魁阿斯·莫罗"。他在其中放了一幅很好的插图（图2）。很显然，这幅图是按照这种动物的标本，即献给奥兰治亲王亨利的标本"从安哥拉送来的宝物"写生下来的。托尔皮乌斯说它像三岁的孩子那样大，但和六岁的孩子一样结实。它的后背上长着黑毛。很明显，这是一只年幼的黑猩猩。

图2 托尔皮乌斯的"猩猩"，1641年

那时，人们已经对亚洲其他种类的类人猿有了一定的了解，但最初这些类人猿带有一些神秘色彩。就像蓬提乌斯所提供的关于他取名为"奥兰乌旦"的动物的文字和图片就是荒谬可笑的。虽然他说"这个肖像是根据我所见到的实物所画的"，但这个肖像（图6为霍皮乌斯照原图描绘的作品）只是一个体毛较密的外貌清秀的女人，其身材比例和脚的大小都与人类一样。明智的英国解剖学家泰森完全可以这样理直气壮地评论蓬提乌斯的描述："我不相信整个描述。"

泰森和他的助手考珀最早对类人猿作了科学、精确、完整的记载。他们于1699年在皇家学会发表的那篇名为"奥兰乌旦，森林人或侏儒与猴、猿和人解剖学比较"的论文，的确是一篇里程碑式的文献，并且在某些方面可以作为后人研究的典范。泰森告诉我们，"这些'侏儒'来自非洲的安哥拉，但最初是被人从安哥拉的内陆贩卖来的"；它的毛发"直且黑如煤炭"；"当它像四足动物一样行动时则显得十分笨拙；它行走时，不是把手掌平放在地面上，而是用指关节着地。这是我在它虚弱得无力支撑自己的身体时观察到的"；"从头到脚的直线高度有26英寸"。

即使没有泰森提供的栩栩如生的绘图（图3、图4），这些特征也完全可以证明，他所说的"侏儒"就是年幼的黑猩猩。后来，我偶然得到检查泰森所解剖的那只动物的骨架的机会[①]。我有充足的证据证明它的确是一只年幼的黑猩猩。虽然泰森认同侏儒与人的相似之处，但他并没有放过二者之间的差异。他在研究报告中总结了47处"奥兰乌旦（或称侏儒）比猿和猴更像人类的地方"，然后用34个简短的段落阐释了"奥兰乌旦（或称侏儒）与人类不同，但更像猿和猴的地方"。

---

① 很感激切尔滕纳姆的著名古生物学家怀特教授告诉我这个有趣的遗骸的情况。泰森的孙女嫁给了切尔滕纳姆的名医阿勒代斯，而这个侏儒的遗骸就是她的嫁妆之一。阿勒代斯医生把遗骸献给了切尔滕纳姆博物馆，在我的朋友怀特博士的帮助下，管理员才允许我借用这个馆中最著名的展品。

图3&4 按照泰森绘制的图缩小的"侏儒",1699年

在对当时的所有相关文献做了全面研究后,泰森得出的结论是:被他称为"侏儒"的生物完全不是托尔皮乌斯和蓬提乌斯所说的"侏儒",也不是达珀(或者说是托尔皮乌斯)所说的魁阿斯·莫罗,更不是巴里斯所说的达斯科,又不是巴特尔所讲的庞戈,而是一种同古代侏儒类似的猿类。与此同时,泰森说"虽然这种动物比类人猿和我所知道的世界上的其他动物都更与人相似,但绝对不能把它视为人和动物杂交的产物。它是一种兽类的后裔,类人猿中的一个特殊种类"。

"黑猩猩"这个名称从18世纪上半叶开始用于称呼非洲的一种众所周知的猿类,但在那个时期,我们只能通过1744年威廉姆·史密斯所著的《几内亚新旅行记》了解非洲类人猿。

在书的第51页,在描述塞拉利昂的动物(图5)时,作者写道:

第一章 类人猿的自然史

"接下来我将描述一种非常奇特的动物。这种动物被那个地方的白人称为曼特立尔,但我不知道它为什么被这样称呼。在此之前我从来没听到过这个名字,只知道它们与人类十分相似,但是与猿完全不同。它们在成年后,体格和中等身材的人相似,但腿更短,脚更大,手和臂的比例相称。头部大得有些畸形,面部又宽又平,除了眉毛,没有其他毛发;鼻子很小,嘴大唇薄。被白色皮肤覆盖的面部丑得可怕,上面布满了像老人一样的皱纹;牙齿大而黄;手部和面部一样都没什么毛发,也同样是白色的皮肤,而身体的其他部位都覆着一层像熊一样的又长又黑的毛。它从不像猿那样用四肢行走;当发怒或被戏弄时,会发出如孩童哭泣般的声音……

"当我在舍布鲁时,有一个名叫坎梅布斯的人——这个人我以后有机会再讲——送给我一个怪兽,这个怪兽被当地人叫作博戈。它是一只只有六个月大的雌兽,但已经比成年的狒狒还要大。它是一种非常温柔的动物。我把它交给一个知道如何饲养它的仆人来管理。但是每当我离开甲板时,水手们就开始戏弄它:有些人爱看它流泪哭泣;还有些人讨厌它流着鼻涕的鼻子。有一次,有一个人要伤害它,饲养它的黑人就去阻止,那个人问黑人是否喜爱他本国的女人,是否想把它当作老婆,那个黑人立刻回答说:'不,它不是我的妻子。这是一位白人女性,适合做你的妻子。'我想黑人这番不合时宜的聪慧,加速了它的死亡。第二天早上,人们在绞盘下发现了它的尸体。"

图 5　摹写的史密斯的"曼特立尔",1744 年

威廉姆·史密斯所说的"曼特立尔"①或"博戈",从他的描述和插图看来,毫无疑问是猩猩。

无论是亚洲猿还是非洲猿,林奈都没有通过自己的观察去了解它们,但他的学生霍皮乌斯在论文"人形动物"(发表于瑞典科学院论文集Ⅵ)里所表达的可能就是林奈对于这些动物的见解。

下面用一张插图来说明这篇论文。图6就是那幅图的缩绘版。这张图描绘了(从左到右):(1)蓬提乌斯的穴居人;(2)艾德罗凡迪的魔人;(3)托尔皮乌斯的半羊人;(4)爱德华兹的侏儒。图中的"蓬

---

① "曼特立尔"也许是"类人猿"的意思。这个单词中的"特立尔",在英国古代用来称呼猿或狒狒。在布朗特所著的1681年第五版《难字词典》(即现今英语中关于难字解释的词典,对于读者理解书极有用处)里,我看到"特立尔"是一个石工的工具,他用这个器具在大理石上钻小孔,等等。另外,成年猿和狒狒也被这样称呼。"特立尔"在查尔顿1688年出版的《动物字典》上,也是这个意思。至于布丰所说的关于这个单词的词源,很难认为是正确的。

第一章　类人猿的自然史

提乌斯的穴居人"是照蓬提乌斯虚构的"奥兰乌旦"绘制的拙劣的模仿图，但林奈对它的存在深信不疑。他在所著的《自然系统》的标准版里把那个动物列为人的第二种类，即"夜人"。"艾德罗凡迪的魔人"是照艾德罗凡迪所著的《胎生四脚兽》一书（1645年）的第二卷249页中、标题为"从中国来的叫作巴比利乌斯的稀奇猿"的插图临摹下来的。霍皮乌斯认为这是一种长有猫尾的人类，尼古拉斯·科平断定这些猫尾人吃了一船人，即船上所有的人。在《自然系统》一书中，林奈在一个附注中把它叫作"有尾人"，并把它看作人类的第三个种类。据特明克说，托尔皮乌斯的半羊人是照斯科汀在1738年发表的黑猩猩的图描绘下来的，但我并没有见过原作。它在《自然系统》中被叫作印度半羊人，林奈认为它可能与森林半羊人不是同一种。最后叫作"爱德华兹的侏儒"的图，是照"森林人"即真正的猩猩的幼儿的图描绘下来的。这个图见于爱德华兹的《博物学拾遗》一书（1758年）。

图6　林奈的人形动物

布丰比他的对手林奈幸运。他不仅得到了一个难得的研究活的小黑猩猩的机会，还得到了一个成年的亚洲类人猿——这是这么多年来运往欧洲的唯一的成年类人猿的标本。在多布顿的大力帮助下，布丰对这个生物作了完美的描述。他把它称为长臂猿。这就是现代的"白掌长臂猿"。

1766年，布丰在编写他的著作的第十四卷时，亲眼见过一种年幼的非洲类人猿和一种成年的亚洲类人猿，同时他还看过关于猩猩和"曼特立尔"的报告。此外，普雷斯沃特传教士在他所著的《航海史》（1748年）中，把帕切斯的《帕切斯巡游记》中的很多部分译成了法语。布丰在《航海史》里见到了巴特尔关于"庞戈"和"恩济科"的记述的译文。布丰尝试把所有这些材料都融合到自己所著的书中题为"猩猩或庞戈与焦科记"的那一章里。这个题目的附注如下：

"在东印度群岛，这个动物被称为奥兰乌旦。在刚果的洛万多省，这个动物被称为庞戈。在刚果，这个动物被叫作焦科或恩焦科——我们采用了这种称呼。其中，恩是冠词，可省略。"

由此，安德鲁·巴特尔命名的"恩济科"就更名为"焦科"了，而这种叫法，因为布丰的著作很流行，所以传遍了全世界。普霍斯沃特传教士和布丰大幅度地删改了巴特尔真实的陈述，而不仅仅是省略了一个冠词"恩"。据巴特尔说，"庞戈不会说话，而且不比其他兽类有更好的理解能力"，被更改成了"虽不会说话，但比其他野兽有更好的理解能力"。此外，帕切斯还说过："在我与他的交谈中，他跟我说，有一个庞戈掳走了一名黑童，并让他和它们同住了一个月。"这被布丰译为"一个庞戈把他的一名黑童掳去,使他在动物的社会里住了整整一年"。

在引用了大量关于庞戈的记录后,布丰正确地提出,迄今为止被带到欧洲的焦科和猩猩都是幼兽。他还认为它们成年后可能会变得像庞戈和大型猩猩一样巨大。因此,他暂且把焦科、猩猩和庞戈都看成是同一种类。也许这种观点与当时的知识水平是相称的。但是布丰未能看出史密斯的曼特立尔和他的焦科的相似之处,而是把曼特立尔和一个像青脸狒狒那样与之完全不同的动物混同起来,这就让人难以理解了。

20年后,布丰改变了自己的观点,并发表了自己确信的看法:猩猩构成了一个属,下面有两个种——大的是巴特尔的庞戈;小的是焦科,即一种东印度群岛的猩猩。而那种他自己和托尔皮乌斯观察到的来自非洲的年幼的动物不过是庞戈的幼兽罢了。

与此同时,荷兰的博物学家沃斯梅尔在1778年发表了一篇极好的关于一只送到荷兰去的活的猩猩幼仔的记述,其中配有插图。他的同胞、著名解剖学家皮特·坎珀在1779年发表了一篇关于猩猩的论文。这篇论文同泰森关于黑猩猩的论文具有同样的价值。他解剖了几只雌性和一只雄性猩猩,从它们的骨骼和牙齿的生长状态,正确地推断出它们都是幼兽。另外,通过与人类作比较,他推断这些幼兽成年后也不会超过四英尺高。除此之外,他非常了解东印度群岛的猩猩的种别特征。

他说:"跟泰森的侏儒和托尔皮乌斯的猩猩不同,猩猩不但有特殊的毛色和长趾,整个外部形态也和它们不一样。从比例上说,它的手臂、手掌和脚都比较长,拇指却很短,大脚趾也很小。""真正的猩猩,即亚洲的猩猩、婆罗洲的猩猩，并不是希腊人（特别是加伦）所描述的无尾猿。它也不是庞戈或焦科，或托尔皮乌斯所说的猩猩，或泰森的侏儒——它是一种特殊的动物。根据它们的发音器官和骨骼，我将在以下几章中清晰地阐明这一观点。"

几年后，东印度群岛的荷兰殖民地的总督府中的一位高级官员拉德马赫尔——他也是巴达维亚文理学会的一名在籍会员——在学会专刊的第二部分中，发表了关于婆罗洲的记述。这篇文章写于1779年至1781年，除了记载很多有趣的事情以外，还有一些关于猩猩的记录。据他说，小型猩猩就是沃斯梅尔和爱德华兹所说的"猩猩"，仅产于婆罗洲，主要栖息在马辰、曼怕瓦、兰达克一带。在东印度群岛旅居期间，他曾亲眼见过五十余只这种小型猩猩，但没有一只身高超过两英尺半的。大型种经常被视为怪物。如果没有侨居雷姆班的帕尔姆的努力，恐怕至今仍旧把它看作一种怪物。帕尔姆从兰达克回坤甸的时候，射杀了一只大型猩猩，用酒精浸制后送到巴达维亚，以便运回欧洲去。

帕尔姆在信中记述了捕获这种大型猩猩的情况："现在有一只猩猩，连信一同送给阁下。在很长一段时间里，我出价一百多维尼卡币作为赏金，让本地人替我找一只四五英尺高的猩猩。今天早晨八点，我终于听到了关于它的消息。在离兰达克约有一半路程的密林中，我们花了很多时间，想尽办法，活捉了这只凶恶的野兽。为了防止它逃掉，我们甚至忘记了吃饭。我们又要防范它报复我们，因为它不断地用手折下树干和新鲜的树枝向我们投掷。这样相持到下午四点，我们才决定用枪射击。我这次的射击非常成功，比我以前从船上射击时好很多，子弹正好从猿的胸膛旁射入，因而它并没有受到很大的伤害。我们把它运到船上时，它还活着。我们把它紧紧地缚了起来。第二天早上，它因伤死去了。我们的船到达坤甸时，那里的人都上船来看它。"帕尔姆测量了它的身高，从头到脚的长度是49英寸。

冯武尔姆男爵——一位很有才智的德国官员——当时在荷兰东印度公司任职并兼任巴达维亚学会秘书。他曾研究过这个动物。他在一篇题为"婆罗洲的大型猩猩或东印度群岛的庞戈"的文章中细致地描述了这个动物，该文章登载在巴达维亚学会学报里。1781年2月18日，冯武尔姆在完成其记述后，在从巴达维亚发出的一封信中写道："这个猩猩的酒浸标本曾运赴欧洲，准备作为奥林奇亲王的收藏品；但我们听说，不幸的是，那艘船在途中失事了。"冯武尔姆于当年去世，这封信是他最后的遗作。但是，在巴达维亚学会学报第四部分上发表的他的遗稿里，有关于一个四英尺高的雌性庞戈的简短描述，并附有各种测量数据。

冯武尔姆的记述所依据的原始标本是否被送到了欧洲？很多人猜想那些标本已经被送到了欧洲，但是我对这件事表示怀疑。因为在《坎佩尔文选》第一卷64～66页的"猩猩记"一文中，坎佩尔在附记中提到了冯武尔姆的论文，并写道："至今，还未曾在欧洲见到过这种猿。拉德马赫尔送给我一个这种动物的头骨，这个猿有53英寸，即4英尺5英寸高。我曾把关于它的一些草图送到迈因斯市的佐默林那里去。这些图的尺寸比较正确，虽然不是各部分的实际大小，但能较好地表示其外形。"

这些草图已经由费希尔和卢策在1783年复制出来（图7）。佐默林在1784年收到了这些草图。如果冯武尔姆的标本已经送到了荷兰，那么坎佩尔当时不会不知道。但是坎佩尔又说："在这之后，也许又抓到了几只这样的怪物,因为我仅在1784年6月27日,在奥林奇亲王的博物馆里看见过以前送到馆里陈列的一个虽然完整,但组装得非常拙劣的猩猩骨骼标本。那个标本的高度超过了4英尺。1785年12月19日,我再次去看时,这副骨架已经被聪明的奥尼姆斯重新组装好了。"

这副骨架无疑就是一直被称为"冯武尔姆的庞戈"的骨架,但并不是冯武尔姆所描述的那个动物的骨架,尽管二者基本相同。

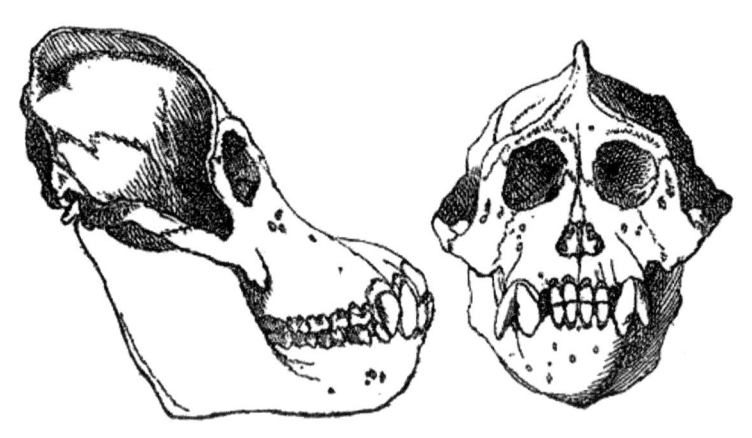

图7 拉德马赫尔送给坎佩尔的"庞戈"的头骨,这张图是由卢策根据坎佩尔描绘的原图复制的

坎佩尔进而对这个骨骼的一些重要特征作了标注,打算以后再对其进行详细描述。但很明显,他并没搞清楚这个大庞戈和他的"小猩猩"之间的关系。

坎佩尔的进一步研究始终没有实现。而冯武尔姆的庞戈作为一种类人猿,与黑猩猩、长臂猿和猩猩并列在一起,成为类人猿中的第四个种。其实,庞戈和当时所知道的黑猩猩或猩猩迥然不同。因为当时所观察到的黑猩猩和猩猩的标本，都是身材矮小，外貌似人，性格温柔；而冯武尔姆的庞戈是比它们大了将近一倍的怪物，力气很大，性情凶猛，表情很像野兽，突出的嘴里有坚硬的牙齿，两个面颊上有肉鼓起来，样子很难看。

最终，这个庞戈的骨架被革命军从荷兰弄到了法国。圣希莱尔和居维叶为了证明这个庞戈与猩猩完全不同，而与狒狒近似，在1798年发表了关于这个标本的记述。

居维叶甚至在《动物学概论》和他的巨著《动物界》的初版里，把庞戈列为狒狒的一种。然而，1818年，居维叶改变了自己的主张——他采用了数年前布鲁门巴哈和提勒修斯提出的观点，认为婆罗洲的庞戈不过是一只成年的猩猩罢了。1824年，鲁道夫根据牙齿的排列状况，证实了历来所记载的猩猩都是幼兽，并提到成年动物的头骨和牙齿也许与冯武尔姆的庞戈的头骨和牙齿相同。与以前的研究结果相比，鲁道夫的主张更加充分和完善。在《动物界》的第二版（1829年）里，居维叶从"全身各部分的比例"及"头部孔口和骨缝的配制"，推定庞戈就是成年猩猩，"至少也是和猩猩有密切关系的一个种"。关于这个结论的所有疑问，最后全部通过欧文教授在1835年发表在《动物学学报》上的论文和特明克的《哺乳动物学专刊》解决了。特明克的论文用详尽的证据证明了猩猩依其年龄、性别等方面所发生的变化。蒂德曼最先发表了关于猩猩幼仔的脑子的文章。桑迪福、米勒和施勒格尔描述了成年猩猩的肌肉和内脏，并且最先发表了关于东印度群岛大猿在自然状态下的习性的详尽而可靠的记载。之后的许多学者的研究成果使我们对猩猩的成体有了更多的了解。

猩猩仅分布于亚洲的婆罗洲和苏门答腊等岛。从这一点来看，猩猩一定是冯武尔姆的庞戈，而不是巴特尔的庞戈。

因为在研究工作中不断有所发现，所以我们不仅知道了猩猩的来历，还知道了分布在东方的其他类人猿只是几种长臂猿。这些猿的体格较小，所以不像猩猩那样引人注意，但是它们分布很广，因而便于观察。

巴特尔的"庞戈"和"恩济科"所栖息的地理区域，虽然比发现猩猩和长臂猿的地方更靠近欧洲，但是我们对于非洲类人猿的认识却增进得比较慢。实际上，关于英国古代探险家的真实记录直到近几年才被充分了解。1835年，欧文教授在《动物学学报》上登载了一篇题目为"黑猩猩和猩猩的骨骼"的论文后，人们才对成年黑猩猩的骨骼有所了解。这篇论文通过精确的描述、仔细的对比和优美的插图，不只是对认识黑猩猩的骨骼，而且对认识所有类人猿的骨骼，开辟了一个历史新纪元。

这篇论文详细地记载了年老的黑猩猩与泰森、布丰、特雷尔所知道的年幼的黑猩猩，在大小、外貌上完全不同；年老的猩猩与年幼的猩猩之间也存在这样的差异。之后，萨维奇和美国传教士兼解剖学家怀曼的重要研究，不仅证实了欧文的结论，而且还增加了很多新的资料。

在萨维奇博士的许多可贵的发现中，最有趣的是居住在加蓬地区的人现在把黑猩猩叫作"恩契埃科"——这个名称很明显与巴特尔的"恩济科"相同。这个发现已经被后来的研究所证实。既然已经证实了存在巴特尔的"小怪物"，我们当然可以推测也会发现他所说的"大怪物"——庞戈。事实上，在1819年，近代旅行家鲍迪奇就已经从当地人那里获得了可靠的证据，证明有第二种大猿的存在，这种猿叫作"印济纳"，"5英尺高，肩宽4英尺"，它建造了一个简陋的房子，自己却在屋子外面睡觉。

第一章　类人猿的自然史

　　1847年，萨维奇博士得到一个极好的机会，对补充关于类人猿方面的知识作出了重要贡献。那时他被迫滞留在加蓬河上，因而在一位驻守在那里的传教士威尔逊的住宅里见到了一个头骨。据当地人说，那个头骨属于一种类似猿的动物，它的大小、狰狞的样子及习性等，都很引人注意。萨维奇博士说："从这个头骨的轮廓和几个对其有所了解的本地人的讲述来看，我相信这个头骨属于猩猩的一个新品种。我把这个见解告诉了威尔逊，并表达了要继续研究的愿望：如果可能的话，我还想找到一个这种猩猩的样本——死的活的都可以——用作观察研究。"萨维奇和威尔逊两人共同研究的结果是，他们不但得到了关于这种新生物的习性的完整记述，而且使上面提到过的卓越的解剖学家怀曼教授得到了丰富的材料来描述这种新生物的骨骼特征——这对科学研究具有重要贡献。加蓬地区的人把这种动物叫作"恩济埃纳"，这个名称显然与鲍迪奇的"印济纳"相同。萨维奇博士确信，在所有类人猿中，最后发现的这种恰好是学者们探求已久的巴特尔的"庞戈"。

　　这个结论毫无疑问是正确的。之所以这样说，不仅因为"恩济埃纳"凹陷的双眼、高大的身材和灰褐（或铁灰）色的皮肤等特征与巴特尔所描述的大怪物一致；而且那个地区的另一种类人猿——黑猩猩，由于躯体矮小，一看就知道是"小怪物"，又因其体毛是黑色而不是灰褐色，所以可以否定它是"庞戈"的可能性，这种动物至今仍沿用巴特尔所取的"恩济科"或"恩契埃科"的名称的原因，上面已经提及。

　　对于"恩济埃纳"的种名，萨维奇博士很明智地避开了已被滥用的"庞戈"这一名称。他引用了汉诺的《巡游记》里的"戈列拉"一词。"戈列拉"

是这位迦泰基的航海者在非洲海岸的一个岛上发现的身上长满长毛的野人的名称,这也是现今众所周知的大猩猩的种名"戈列拉"的起源。但是,与他之后的一些学者相比,萨维奇博士更加谨慎。他没有把自己发现的猿鉴定为汉诺的"野人"。他只是说这个"野人""大概是猩猩的一种"。我和布鲁勒的意见一致,认为把现今的"戈列拉"视为这位迦泰基船长所说的"戈列拉",是毫无根据的。

在萨维奇和怀曼的论文发表之后,欧文教授和巴黎植物园的迪韦尔努瓦教授等人曾分别研究过"戈列拉"的骨骼。迪韦尔努瓦还补充了关于肌肉系统及其他很多柔软部分的记述。同时,非洲的许多传教士和旅行家对关于大型类人猿的习性的原始记述进行了验证和补充。这种类人猿虽有幸第一个为世人所认识,却是最后一个被用于科学研究的。

从巴特尔对帕切斯讲述"大怪物"和"小怪物"时起,到现在已经有两个半世纪了。经过了这么长时间,我们才弄明白类人猿共有四种:在东亚有长臂猿和猩猩,而在非洲西部有黑猩猩和大猩猩。

上文所述即为类人猿的发现史。这些类人猿在身体结构和地理分布上有很多相同之处。例如,他们都有相同的牙齿数量:跟人一样,在成年之后,上下颚各有4枚门齿、2枚犬齿、4枚小臼齿、6枚大臼齿,总共32枚牙齿;在幼儿时期,总共有20枚乳牙,即上下颚各有4枚门齿、2枚犬齿和4枚臼齿。这些类人猿属于狭鼻猴类。他们的鼻孔向下,两个鼻孔之间有狭隔膜。此外,他们的臂比腿长些,但是臂腿长度的差异程度随种类而不同。如果把这四种猿按照臂长与腿长的比例依次排列,可以得到这样一个序列:猩猩$\frac{13}{9}$:1，长臂猿$\frac{5}{4}$:1，大猩猩$\frac{6}{5}$:1，黑猩猩$\frac{17}{16}$:1。这四种猿的前肢末端都有手，有或长或短的拇指；足的大趾比人的小些，但远比人的灵活，并跟拇指一样，能与其他足趾对握。这几种猿都没有尾巴，也没有猴类所具有的那种颊囊。最后要说的是，它们都栖息在旧大陆上。

在所有猿类中，长臂猿的躯体最小巧纤细，四肢也远比其他猿长：其臂长与体长的比例远大于其他任何猿类的臂长与体长之比，这使得它们可以在直立时手臂碰触到地面。手比脚长的长臂猿与低等猴类的相同之处在于其臀部具有胼胝，这使得它们在猿类中成为唯一的特例。长臂猿的毛色也是多种多样的。在直立状态下，猩猩可以用自己的前肢触碰到脚踝，这是因为虽然它们的拇指和大脚趾非常短，但脚却比手长。它们全身为红褐色的毛所覆盖。在成年雄性猩猩的面部两侧，长有好似脂肪肿瘤般的新月形的柔韧的赘生物。黑猩猩的手臂可以伸到膝盖以下；拇指和大脚趾都很大；手比脚长；虽然体毛是黑色的，但其面部皮肤却是苍白的颜色。最后，大猩猩的臂长可以伸到其腿的中部；拇指和大脚趾都很大；脚比手长；面庞是黑色的，体毛却呈现出暗灰色或灰褐色。

就我目前所要说明的观点而言，没有必要进一步讨论这些由博物学家划分的类人猿的属和种之间的差异。值得一提的是，猩猩和长臂猿分别属于两个不同的属，即猩猩属和长臂猿属。黑猩猩和大猩猩则被视为属于同一个属（穴居猿属）下的两个不同的种。也有人将二者视为属于两个不同的属：黑猩猩属于穴居猿属，大猩猩则被归为"恩济埃纳"或"庞戈"。

与关于其形态的确切信息相比，获取类人猿的习性、生活方式等方面的完整资料更加困难。

在上一代人中，像华莱士那样的人是很少的：良好的身体素质和强大的精神力量使他完全可以漫游于美洲和亚洲的热带丛林之中而不会受到伤害；同时，他依据在热带丛林中漫游时所搜集到的大量标本得出了富有远见的正确结论。但是，对普通探险者或搜集者来说，到猩猩、黑猩猩和大猩猩栖息的亚洲和非洲的赤道一带的密林中去，面对的不是普通程度的困难：即使只在弥漫着瘴气的海岸的外围作短暂的探访，也要承担丧失生命的风险，这也解释了为什么他们在面对内陆的危险时会选择逃避了。于是，他们满足于鼓励经验丰富的当地人搜集、整理那些神秘的报告和传说。

大多数关于类人猿的早期记录采用了这种方式，即使对于当前流行的描述，也必须承认这些描述大部分缺少可靠的依据。我们现在掌握得最多的是关于长臂猿的信息——这些信息几乎全部都是以欧洲人所提供的直接证据为基础的，其次是关于猩猩的信息。然而，我们对黑猩猩和大猩猩的习性的认识，极需要更多的来自受过训练的目击者的证据进行支撑和扩展。

因此，在我们努力判断关于这些动物的信息的可靠性的过程中，从最为人熟知的类人猿——长臂猿和猩猩——开始着手研究是最为便捷的。可以利用关于长臂猿和猩猩的完全值得信赖的信息检验其他种类的类人猿的相关记录是否正确。

有六种长臂猿分布在亚洲的各个岛屿（包括爪哇、苏门答腊、婆罗洲等）和主要大陆（包括马六甲、暹罗、阿拉坎和印度斯坦的一部分地区）上。最大的长臂猿从头顶到脚跟的高度是三点几英尺，可见它们比其他种类的类人猿矮一些，加上它们躯体小巧纤细，所以从比例上甚至从整体角度衡量，它们显得略微瘦小。

第一章 类人猿的自然史

著名的荷兰博物学家米勒博士在东印度群岛上生活了很多年。我经常在文章中引用他的经历作为论据。米勒博士认为长臂猿（图8）是真正的山栖动物，喜欢栖息在山坡和山脚，其生活范围绝不会超出山上的无花果树生长的界限。它们白天活跃于高大树木的顶部；到了夜晚，它们就会集结成一个个小群体，从树顶来到开阔的平地，一旦发现有人类出没，就马上向山边跑去，隐没于黑暗的山谷之中。

已经有观察者证明，这些动物可以发出非常洪亮的声音。据我刚刚提到的那位米勒博士说，一种叫作"塞蒙"的长臂猿，"声音是沉重而尖锐的，听起来像'阁——艾克''阁——艾克''阁——艾克''阁——艾克''阁——艾克''哈哈哈哈哈'，在距离半里路远的地方都能听到"。当它们叫的时候，位于其咽喉下的与发声器官相连的巨大膜袋（即所谓的"喉囊"）会膨胀起来；它们不叫的时候，喉囊就会变小。

M·迪沃歇也说过"塞蒙"的叫声可以传到数里之外的地方，在

图8　长臂猿（依沃尔夫）

整个树林中回响。马丁先生是这样描述这种动作敏捷的长臂猿的叫声的：

025

在室内,"声音大得震耳欲聋","可以贯穿巨大的森林"。著名音乐家,同时也是动物学家的沃特豪斯先生说:"长臂猿的声音比我所听到过的任何一位歌手的声音都更具有力量。"这里要说明的一点是,这种动物比人瘦小,还不及人的一半高。

有充分证据表明,各种长臂猿都能采用直立姿势行走。乔治·贝内特先生是一个非常杰出的观察者。他曾经记录了一只他饲养了一段时间的雌性"合趾长臂猿"的习性。他说:"当处于平地时,它会用直立姿势行走。这时,它双手下垂,通过用手触及地面来帮助自己行走;或者更为常见的是,在保持这种近乎直立姿势时,它高举手臂,双掌向下,就好像要握住一条绳子似的;在意识到有危险逼近或有陌生人进犯的一瞬间,它会快速攀登到树顶。在采用直立姿势行走时,它的步态有些摇摆、蹒跚;但当它被追踪且没有机会通过攀登来躲避危险时,它会立即四肢着地,奔跑而行。它以直立姿势行走时,会将腿和脚朝外,就好像它的腿是弯的,这使得它在行走时摇摇晃晃的。"

巴勒博士还记录了另外一种叫作"霍拉克"或"胡鲁克"的长臂猿:

"它们直立行走;当身处地面或原野时,则通过双手过顶,双臂在肘和腕处轻微弯曲,左右摇摆着向前快速奔跑这种非常可爱的方式使身体保持平衡;如果情况迫使其必须加快速度,它会将双手放在地面上,以此帮助自己快速前行,与其说是在奔跑,不如说是在跳跃,只是这种行走方式仍然使其躯体保持近乎直立的姿势。"

然而，温思洛·刘易斯博士提供的证据却与上述信息有些出入："它们（长臂猿）用后肢（或下肢）行走，前肢（或上肢）则向上高举，以保持身体平衡，就好像集市上借助长杆保持身体平衡的走绳索的艺人一样。它们并不以双脚交替迈进来完成前行，而是采用类似跳跃一样的双脚同举同落的姿势。"米勒博士也有类似的描述，即长臂猿只是依靠它的后肢所进行的一系列近似于蹒跚跳跃的动作来完成在地面上前行的过程。

马丁先生也以自己的直接观察为依据，对长臂猿的一般情况加以说明：

"很适合栖息于树上，在树枝间展现出了令人惊叹的活力。同时，它在平地上表现出的笨拙和窘态也是可以想象的。虽然在直立行走时常常摇摇晃晃的，速度却很快。为了保持身体的平衡，要么用指节交互碰触地面，要么双手高高举起。和黑猩猩一样，它狭长的脚底要么都着地，要么都举起，在整个过程中，步调没有任何灵活性。"

这些结论一致的独立证据证明了长臂猿普遍习惯于采用直立姿势行走。但是，平地不是长臂猿展示其非凡而独特的行动能力（这种惊人的行动能力几乎使人类将其列为飞行动物而非普通的攀爬动物）的舞台。

1840年，马丁先生对生活在动物园里的一种名为"敏捷长臂猿"的长臂猿作出非常形象的描述，我将全文引用如下：

027

"几乎很难用语言来描述她（雌性）行动的敏捷与优雅：当她似乎只是在触碰那些树枝时，看起来却好像在空中飞。在这些运动壮举中，她只使用了手和双臂。她的躯体好像被一条绳子悬挂在树上，仅靠一只手完成支撑（如右手），并通过一种有力的移动将自身'发射'出去，用左手牢牢攥住另一个远处的树枝；刚刚停稳，就进行了下一次'发射'，此刻又再次把被瞄准的树枝牢牢地握在右手中。她用这种方式连续地再次出发，毫无停意。她以这种方式每次轻而易举地移动12~18英尺的距离，即使连续不停地持续很长时间，也毫无倦意。很显然，如果有足够大的空间，移动的距离超过18英尺也是小菜一碟。因此对于迪沃歇声称曾见过长臂猿从一个树枝移动到相距40英尺远的另一个树枝上，虽然看似荒诞不经，却也可以相信。有时候，在紧握树枝移动时，她可以仅凭一臂之力完成绕树枝旋转一周的壮举，速度之快令人叹为观止，然后又以同样快的速度继续向前行进。观察她是如何突然停止的，是一件很有趣的事。考虑到其旋转跳跃时的速度和所产生的冲力，要观察她是如何停止的，似乎需要把她的动作变慢。她在跳跃时，紧握树枝，升高身体，好像变魔术一样安然坐于树枝上，并用脚紧握树枝，随即突然再次出发。

"下述事实可以表明其动作的机巧和敏捷。把一只活鸟放在她的栖息之处。她关注着正在飞行的鸟，同时跃向远处的树枝，并用一只手抓住飞鸟，用另一只手攥紧树枝，两个目标都成功地完成了，好像这两个目标本就是一个目标似的。需要加以补充的是，

第一章　类人猿的自然史

抓住鸟后,她迅速咬断它的头,扯去它的羽毛,并果断地把鸟丢掉,丝毫没有吃了它的意愿。

"有时,她会从所栖息的树上跳跃至离其至少 20 英尺远的一扇窗户上,也许你以为那扇窗子会立即被打破,但事实却相反:令人吃惊的是,她用自己的脚抓住了窗户上玻璃间狭长的窗框,瞬间获取足够的冲力,然后竟然再次跃回原处——这种动作对力量和精准度具有双重要求。"

长臂猿看似性情温和,但有可靠的证据显示,当其处于发怒状态时,就会进行猛烈的撕咬。曾有一只雌性敏捷长臂猿用其长长的犬齿猛烈地袭击一名男子,造成其死亡。因为有很多人被她伤害过,为保险起见,人们把她那可怕的牙齿锉平了。但如果受到威胁,失去"武器"的她仍会对威胁者目露凶光。长臂猿以昆虫为食,一般不吃动物性食物。然而,贝内特先生曾经看见过一只"塞蒙"将一只蜥蜴抓住并生吞。通常,它们通过将手指浸在水中,然后舔手指的方式喝水。据说,它们以坐着的姿势入睡。

迪沃歇声称自己曾看见过雌性长臂猿将幼崽带至水边为其洗脸,丝毫不顾幼崽的抵抗和哭喊。在笼子中,它们通常表现得很温和,有时也会像顽劣的孩童一般搞恶作剧、耍小脾气。而且,它们并不是丝毫没有羞耻心的。贝内特先生所讲述的一件轶事能够证明这一点。贝内特先生养的一只长臂猿似乎特别喜欢将室内的物品弄乱。在众多物品中,一块肥皂特别吸引它,它因为移动这块肥皂而不止一次遭到贝内特的呵斥。贝内特说:"一天早上,我正在写字,这只长臂猿也待在小屋中。我用眼角的余光瞥向它时,发现这个小家伙正在拿那块肥皂。我用它无法感知到的目光偷偷地观察，它也不时地用鬼鬼祟祟的目光瞥向我坐的地方。我假装在写字，它看到我正在忙着，就用爪子拿着肥皂走了。当它走到屋子中间时，我以一种不会令其受到惊吓的声调对它轻声地说话。它发觉我在看它，就返回原处，将肥皂放在很近似于当初拿开时的地方。其行为中确实存在一些位于本能之上的东西：其最初和最终的行为，明显地表露出它是有羞耻心的，否则怎么解释它的行为呢？"

现有的最详尽的关于猩猩的博物学记录，刊载于由米勒博士和施勒格尔博士合著的《荷兰殖民地博物史（1839—1845）》一书中。我对于这一问题的所思所讲，几乎都是以此书中二位作者的论述为基础的。除此之外，我还援引了布鲁克、华莱士及其他作者的著作中所记载的相关细节来说明这个问题的各个部分。

猩猩（图9）的体长似乎鲜有超过4英尺的，但其体型却极为粗壮，体围是体长的三分之二。人们仅在苏门答腊和婆罗洲发现过猩猩。在苏门答腊岛上，猩猩并非到处可见。它们经常出现在两个岛屿中位于低处的平原上，它们的踪影从未在高山上出现过。从海岸线延伸至内陆的茂密的森林是它们的最爱，而苏门答腊岛只在东部有这样的森林，所以岛的东部就成了猩猩的聚集（居）地。但是，偶尔也会有一些迷路或流浪的猩猩出现在岛的西部。

另一方面，在婆罗洲，虽然猩猩的分布比较广泛，但是在高山和人口稠密的地区却看不到它们的身影。在它们喜欢居住的地方，一个猎人如果运气好的话，一天之中可以看到三只或四只猩猩。

第一章　类人猿的自然史

图9　成年雄猩猩（依米勒和施勒格尔的描绘）

年老的雄性猩猩除了交配期以外通常独自居住。年老的雌性猩猩和已经长大的雄性猩猩则常常三两成群地一起居住；前者偶尔会有幼小的猩猩与其同住，但是处于孕期的雌性猩猩常独自居住，有的产下幼崽后仍继续独居。幼小的猩猩似乎很长时间都处于母亲的保护下，或许这就是它们成长缓慢的原因吧。在攀爬时，母亲常常将小猩猩放在胸前，而小猩猩则紧紧地抓住母亲的毛发。至于小猩猩性成熟的年龄以及它们与雌性猩猩（即母亲）一起生活到何时都不得而知，也许它们到10岁或15岁的时候才会成熟吧。在巴达维亚，一只被驯养了五年之久的雌性猩猩的体长竟不及在野外生长的雌性猩猩的体长的三分之一。在成年之后，它们可能仍会继续缓慢成长，并且寿命可以达到四五十岁。根据戴耶克人的说法，年老的猩猩不仅所有的牙齿都脱落了，而且攀登也变得困难，所以只能靠被风吹落的果子和多汁的草来维持生命。

猩猩行动迟缓，丝毫没有显示出长臂猿那样令人惊叹的行动能力。似乎只有饥饿才能使它有所动作，一旦填饱了肚子，它就又恢复到休息状态，静止不动。它坐着的时候，会弯下背，低下头，双眼直勾勾地盯着地面；有时用双手握住较高的树枝，有时让双手自然垂于身体两侧。猩猩会在一个地方保持同样的姿势达几个小时之久，除了不时发出几声深长、低沉的吼叫，几乎一动不动。它在白天从一个树顶攀援至另一个树顶，只有在夜晚才会回到地面。此时，如果感到有危险，它会立即躲进低矮的树丛中。在没有受到猎袭时，它可以在同一个地点停留很长时间，有时甚至会在一棵树上停留几天之久——在这棵树的树枝间找到一个坚固的地方作为它的床。对猩猩来说，在大树顶上过夜是极为少见的，因为对它而言，树顶上的风很大，又很冷。因此，黑夜一降临，它就会马上从高处下来，在更低、更暗的地方或小树的多叶的树顶上寻找一张适宜的床。在小树中，它尤为喜爱尼帕棕榈、露兜树或那些使婆罗洲原始森林呈现出独特景观的寄生兰中的一种。但是不管它决定在哪里睡，它都会为自己建造一个巢：小树枝和树叶被铺置在选定地点的周围，树枝和树叶彼此叠放、折压；再用蕨类、兰类、露兜树、尼帕棕榈及其他植物的大叶子作最终的铺垫，这样会使床十分柔软。米勒亲眼所见的许多巢都是新建造的，距离地面的高度大致被限定在10~25英尺，巢的周长平均为二或三英尺。有的巢中填充着几寸厚的露兜树叶；有的则只是把折断的树枝朝向中心，再将其连接，形成一个齐整的平台。詹姆斯·布鲁克爵士说:"它们在树间搭建的这些简陋的小屋,既没有屋顶,又缺少任何遮蔽物,叫作巢(或座席)也许更合适。它们建造这个巢(或座席)的速度之快让人惊讶。我曾经目睹了一只受伤的雌性猩猩搭巢的过程,当它最终铺好树枝并坐到上面的时候,整个搭巢过程用时不到一分钟。"

据戴耶克人讲,在太阳跃出地平面、晨雾散尽之前,猩猩绝不会离开自己的床。它大约早上九点起床,傍晚五点就寝,有时也会睡得晚些。在睡觉时,它时而仰睡,时而侧睡,双腿蜷向躯体,缩成一团,手则枕于头下。如果夜晚天气寒冷或刮风下雨,它通常会把造床时所使用的露兜树叶、棕榈树叶和蕨类的叶子覆盖在自己的身上,尤其小心翼翼地遮盖住自己的头部。这种遮蔽身体的习惯或许就是关于猩猩在树上建造床或巢的传说的起源吧。

在白天,猩猩虽然大多数时间都栖息在大树的树枝间,却很少像其他类人猿(尤其是长臂猿)那样蹲在粗枝上。相反,树叶茂密的细枝是它最爱蹲着的地方。这样的生活方式同它的后肢结构(尤其是它的臀部)有着紧密的联系。与许多猴类甚至长臂猿不同,猩猩的臀部没有胼胝。骨盆内的骨头学名叫作坐骨。当身体安坐在某处时,坐骨就会成为一个用于安放身体的坚固的框架。猩猩的坐骨不像很多臀部长有胼胝的猿类的坐骨那样是张开的,而是更像人类的坐骨。

猩猩在攀爬时既缓慢又小心翼翼,这种行为相较于猿类更像人类。在攀登时,它们非常注意自己的脚,这使它们看起来好像比其他猿类更怕受伤。与长臂猿从一个树枝摇摆至另一个树枝时前臂承担了大部分工作不同,猩猩甚至连最小幅度的跳跃都不做。它们在攀登时更多的是利用手和脚的交替行动来完成前移，或者是在双手紧紧握住枝干之后，同时收缩双脚。在从一棵树向另一棵树移动的过程中，它总是寻找两棵树的枝干相邻或交叉的地方。在被追踪时，它的谨慎也让人惊诧：它通过摇动树枝来判断其是否可以承受它的重量，然后利用自己身体的重量缓缓地向悬垂着的树枝靠压，使树枝弯曲并和另外一棵树相接，这样就在两棵树之间搭建了一座桥，使它可以从一棵树爬向另一棵树。在地面上，猩猩在任何时候行走起来都是既耗费力气又摇晃不稳的。就算起跑时比人跑得快，一般不久之后就被人超越了。在奔跑时，猩猩那长长的手臂微微地弯曲着，身体很明显是直立的姿势，以至于它看起来像一个在拄着拐杖行走的驼背的老人。在行走时，猩猩的身体通常一直向着前面，不像其他猿类（除了长臂猿以外）那样在奔跑时身体或多或少有些倾斜。长臂猿在走路方式等很多方面都与其他猿类存在明显的不同。

猩猩不能将自己的脚平放在地面上，只能用脚底的外边缘来支撑身体，脚跟大部分着地，脚最外侧的两个脚趾完全以趾头的背面着地，除了脚趾第一节的背面与地面接触外，其他脚趾也都是弯曲着的。猩猩的两只手在走路时却和脚相反，主要用手的内边缘支撑体重。手指，尤其是两个最重要的手指，都以其最前一节的背面接触地面，而形状笔直并能自由活动的拇指指尖只是作为补充的支点。

猩猩从来都不是只靠后肢站立着。那些猩猩只靠后肢站立着的图画，同那些认为猩猩将棍棒视为防御武器的断言一样，都是错误的。

猩猩的长臂具有特殊的用途，不仅可以用于攀登，还可以从不能负担其体重的枝条上获取食物。猩猩的主要食物包括无花果、各种花和嫩叶。但是也曾在一只雄性猩猩的胃中发现 2~3 寸长的竹叶。没有听说过它们吃活的动物。

尽管幼小的猩猩在被人类驯养之后，似乎确实会向人类献殷勤，但是骨子里它仍是一种狂野而胆小的动物，虽然其外观看上去很是笨拙、忧郁。据戴耶克人讲，年老的雄性猩猩如果只是受了箭伤，它有时会主动离开树木，狂暴地向敌人奔去。这时，敌人立即狂奔离去是最安全的，一旦被其抓住，就必死无疑。

猩猩尽管天赋强力，却很少进行自卫，尤其是在被火器攻击时。在遇到危险时，猩猩总是试图藏匿起来，或是沿着树的顶梢逃离，并将树枝折断，向敌人投掷。一旦受伤，它就会逃到树的顶端，并发出一种极为怪异的声音，声调起初极高且非常尖锐，最终会变成豹一样的低吼。发出高音时，猩猩的嘴唇会呈现出漏斗般的形状；在发出低音时，则把嘴巴张得非常大，与此同时，喉囊也鼓胀起来。

根据戴耶克人的说法，唯一可以与猩猩一较高下的动物是鳄鱼。有时鳄鱼会捉住来到水边的猩猩。但是据说猩猩比鳄鱼凶猛，能把鳄鱼打死，或是通过将鳄鱼的颚部拉开的方式导致其喉咙撕裂。

上面所讲述的大部分内容，可能是米勒博士从戴耶克人那里得到的报告。但是，米勒通过对一只身高 4 英尺的雄性猩猩进行历时一个月的饲养观察，了解到它具有一种非常恶劣的性格特点。

米勒说："它确实是一只粗野、力气很大、狡诈险恶的野兽。每当有人走近它时，它就会一边缓缓地站立起来，一边发出低沉的怒吼，并注视着它想要攻击的方向。然后，它将手从笼子的间隙中慢慢地伸出，在长臂伸出之后猛地一抓——常常抓住走近它的人的面部。"它从来不用嘴撕咬人类（虽然猩猩彼此之间经常撕咬），双手才是它们最重要的用于防御和攻击的武器。

它的智商很高。米勒评价说，尽管不应该将猩猩的智商估计过高，但是如果居维叶看到过这种动物，他就绝对不会简单地认为猩猩的智商只比狗高一点点。

它的听觉非常敏锐，但是视觉似乎不够完善。它的下嘴唇是重要的触觉器官，在其喝水时也起到了重要作用。可以伸出的下唇就好像一个水槽，可以方便地接住雨水；如果将半截椰子壳盛满水后交给猩猩，它在喝水时会将椰子壳中的水倒入形状像槽子的下唇。

马来人称猩猩为"奥兰乌丹"，戴耶克人则称其为"米埃斯"。戴耶克人将猩猩划分成不同的种类：米埃斯·潘帕（即济莫）、米埃斯·卡苏、米埃斯·兰比，等等。但这些猩猩是否属于不同的"种"或仅仅是"族"不同，它们和苏门答腊的猩猩的相似程度究竟如何（华莱士认为二者是相同的），这些问题至今尚未解决。它们之间的差异如此大，要解决这样的问题是很困难的。对于叫作"米埃斯·潘帕"的猩猩，华莱士作了如下记录：

> "它因躯体巨大而闻名，在脸部侧面的颧肌上存在脂肪质的隆起。这些隆起不仅柔润光滑，还具有伸缩性，因此过去曾被误称为胼胝。我亲自测量了五只猩猩的身高，自头顶到脚底，其高度的变化幅度在4英尺1英寸至4英尺2英寸之间。身围的变化

幅度在 3 英尺至 3 英尺 7.5 英寸之间。伸展的双臂的长度变化幅度在 7 英尺 2 英寸至 7 英尺 6 英寸之间。面部宽度的变化幅度在 10 英寸至 13.25 英寸之间。毛发的颜色和长度因个体而异，即使在同一个个体上也因部位而异。脚的大趾有的有指甲，有的则完全没有。总之，除了这些之外，没有什么其他外部差异可以从同一个种中区分出不同的变种。

"但是，当我们检验这些个体的头骨时，就会发现其形状、比例、容量等方面都存在显著的不同，这些不同还表现在脸部侧面的倾斜程度、口鼻的凸起程度、头骨的大小等，就好像人类种族中高加索人和非洲人的头骨有明显的区别一样。眼眶的高度和宽度都有变化；颅骨嵴有的成单，有的成双，有的特别发达，有的不发达；颧骨孔大小的差异也非常明显。依据头骨在比例上的差异，我们有足够充分的理由说明具单冠突与具双冠突头骨之间的差异。这些头骨曾经被认为完全可以证明两种大型猩猩的存在。头骨表面大小的差异很大；颧骨孔、颞肌等也存在这样的差异。大的头骨表面经常长有一块小颞肌，小的头骨上也会长有大颞肌，即两者之间没有什么必然联系。至于那些具有最大、最强的颚和最宽的颧骨孔的头骨，就有大的颞肌在头骨的顶部会合，间隙中形成的骨嵴会隔开两侧的肌肉。如果头骨的表面非常小，那么两侧的颞肌就不能达到头顶完成会合，彼此之间会存有 1~2 英寸的距离，沿着两肌的尽头边缘（即两肌的间隙处）形成了骨嵴。此外，还有一些中间型，即骨嵴只在头骨的后部会合。骨嵴的形状、大小等与年龄无关。有时，年幼的动物骨嵴反而发达。据特明科教授说：'莱登博物馆收藏的一系列的头骨显示了相同的结果。'"

华莱士观察了两只成年的雄性猩猩（戴耶克人所谓的"米埃斯·卡苏"）。它们与其他猩猩存在明显的不同，华莱士据此将其视为另一个种。这两只猩猩的身高分别是3英尺8.5英寸和3英尺9.5英寸，颊部无瘤状隆起，在其他方面和大型猿类相同。头骨虽然没有冠状突起，但有两条彼此间距1.75英寸至2英寸的骨嵴，与欧文教授的莫林奥猩猩相同。然而，它们的牙齿巨大而有力，相当于或优于其他种类的牙齿。据华莱士说，这两个种类的雌性猩猩都没有颊瘤，和较小的雄性猩猩相似，但体长却较之短了1.5英寸至3英寸，并且犬齿较小，以半截状的形态存在，基部扩大，同所谓的莫林奥猩猩一样。华莱士表示，这一较小的种中的雄性和雌性，都可以从上颚中央门齿比较大这个特征识别出来。

就我所知，尚未有人对我关于这两种亚洲类人猿在习性方面的阐述提出争议。如果这是真的，那么关于这两种类人猿习性的阐述足可以证明，这是另一种猿。

（1）无须双臂的直接支撑，完全可以凭借直立或半直立的姿势在地面上从容行走。

（2）所发出的声音极响，可传至一二英里外。

（3）发怒时，会做出极为恶劣和残暴的行为，尤其是成年的雄性猩猩。

（4）能够建造用来睡觉的巢。

上述就是有关亚洲类人猿的被公认的事实。仅凭借相似的原则，我们

第一章 类人猿的自然史

就可以预测出非洲类人猿也部分或全部具有同样的特征,或者至少可以反驳那些对关于非洲猿的这些特征的陈述的故意责难。如果可以证实任何一种非洲类人猿的身体结构比任何一种亚洲类人猿的身体结构更适于直立行走和作有效的攻击,那么就没有理由怀疑非洲类人猿有时可以直立行走或作出攻击性的行为了。

在泰森和托尔皮乌斯之后,关于饲养状态下的小猩猩的习性的报道和评述屡见不鲜。但在萨维奇博士的论文发表以前,关于成年黑猩猩在其故乡(森林中)的生活状况和习性,几乎没有确实可信的证明。萨维奇博士的这篇论文,前文有所引用。这篇论文包括了他住在位于贝宁湾西北界的帕尔马斯角时通过观察所做的笔记,以及从可信赖的信息来源处搜集的资料。

据萨维奇博士测量,雄性黑猩猩的身高几乎都可以达到5英尺,但成年黑猩猩的身高一般不超过5英尺。

"它们在休息时一般采用坐的姿势。有时可以看见它们站起来行走,但它们一旦察觉有人在看着,就会立即四肢着地,逃离观察者的视线。它们的躯体结构不能使其完全直立,而是向前倾。所以可以看到它们在站立时用两只手托着头的后部或是叉着腰——这种动作可以使身体保持平衡或舒适些。

"成年黑猩猩的脚趾以很大的幅度向内弯曲,并且不能完全伸直。如果强行把脚趾伸直,则脚趾背部的皮就会挤成褶皱。所以,虽然在行走时必须把脚完全伸展开,但是看上去有些不自然。自然的姿势是四肢着地,身体的重量向前落在指节上。这些指节很大,皮肤隆起变厚,像脚底一样。

"从它们的身体结构可以推断它们很善于攀爬。它们从一个树枝跳到远处的另一个树枝上,敏捷得让人惊诧。经常可以看到那些'老年人'(一个观察者这样称呼的)蹲在树下吃着果子,彼此亲密地攀谈着,而它们的'孩子们'在它们周围跳跃着,从这个树枝跳到那个树枝,热闹而愉快。

"可见,黑猩猩不算是群居的,很少看见有五只以上在一起,最多的也不超过十只。据可靠的人说,它们在嬉闹的时候偶尔也会集结成一大群。据向我提供信息的人说,他有一次看到至少有五十只猩猩聚集在一起,大声地喧闹、喊叫,并且拿着棍棒,像敲鼓似的敲打着老木头。它们似乎没有什么攻击行为,也很少有防御行为。当要被捉住的时候,它们伸展两臂抱住敌人,并试图把敌人拉向它们的牙齿,以作抵抗。"

关于最后一点,萨维奇博士在另一处有明确的记述。

"'咬'是它的主要防御方式。我曾见过一个人的脚被它咬了,伤得很重。

"成年黑猩猩的犬齿强壮有力,似乎表明它有吃肉的癖好,但是除了在饲养的情况下,它从未显示出这种癖好。最初它拒绝吃肉,但很快就养成了吃肉的嗜好。它的犬齿在它年幼时就已经很发达了，并且显然是很重要的防御工具。当它和人接触时，几乎第一个动作都是'咬'。

"它们避开人的居住地，在树上建造它们的住处。它们建造的结构更像'巢'，而不是某些博物学家所误称的'茅舍'。它们一般在离地面不远的地方建巢。在建造巢时，它们把粗枝和嫩枝折弯，或把一部分树枝折断，使其相互交叉，用一个树枝或一个枝杈支撑起全部结构。有时可以在距离地面20或30英尺的粗枝的末端发现它的巢。我最近看到一个巢在距离地面超过40英尺高的地方，也许高度可以达到50英尺。但是这种高度并不常见。

"它们的住处不是永久性的。为了寻觅食物和清净，它们会根据环境条件迁移住处。我们更常见到它们住在地势高的地方；这是因为地势低的地方更适合被当地人开垦为稻田，从而缺少可以让它们用来造巢的树木。在同一棵树上，或在邻近的树上，很少能看到两个以上的巢。虽然曾经在同一棵树上发现五个巢，但是这是很罕见的情况。

"它们极其肮脏。当地人普遍认为，它们曾经是人类部落中的一员，因为肮脏而被驱逐出人类社会。又因为恶习难改，所以它们堕落到现在的处境。当地人常常捕食它们，据说把它们的肉与椰子的油和果肉一起煮，很是美味可口。

"它们在习性方面展现出非凡的智力水平。母猿对幼猿倍加关爱。前文提及的第二只雌猿在被发现时正和其配偶及两只幼崽（一雄一雌）一起待在树上。母猿的第一反应是和配偶及雌崽快速逃入密林中。因为雄崽落在后面,所以母猿又返回去营救它。它爬上树,用双臂抱住雄崽,正在这时,子弹穿过雄崽的前臂,射中了母猿的心脏……

"在最近的一起案例中,母猿被发现时正和自己的幼崽停留在树上,并注视着猎人的一举一动。当猎人向它瞄准时,母猿像人类一样举起手臂,打着手势,试图让猎人停止射击并离去。如果所受的伤不太严重,它会用手按压伤口止血。如果这样没有效果的话,它们会用树叶和草来按压伤口……受到枪击后,它会像人忽然感到剧烈疼痛时一样发出尖叫。"

黑猩猩平常的叫声是一种比较沙哑的声音,并不十分响亮,稍微有点像"呼呼"声。

黑猩猩筑巢的习性和方法与猩猩类似,这一点着实有趣。然而,另一方面,它的活动状况和它爱撕咬的脾性,则与长臂猿类似。从塞拉利昂到刚果都可以见到黑猩猩,其地理分布范围之广,在类人猿中,与长臂猿类似。在这一"属"的地理分布区域内又有若干个"种",这一点也与长臂猿类似。

前文关于成年黑猩猩习性的描述来自卓越的观察者萨维奇。他在15年前出版的著作中提出的一些重要观点已经被后来的观察者证实。后来者对他的观点增补得不多,为了表示公正,我把他的全部记述引用如下:

"需要记住的是,我的观点是以加蓬当地人的陈述为基础的。

第一章 类人猿的自然史

还有一点需要说明，即作为一个在这里生活了好几年的传教士，通过与他们的日常交流，我了解了非洲人的情绪和性格特征，所以对判断他们的陈述的真伪有所准备。此外，因为对另一个相似的物种黑猩猩有所了解，所以我能够区分当地人对这两种动物的报告。这两种动物有相同的栖息地和相似的习性，又只有很少的人（主要是内地的商人和猎人）见过它们，所以很多人将它们混淆。

"我们关于这些动物的知识主要来自姆庞奎人。他们的领地是大猩猩（图10）的栖息地，在加蓬河的两岸，从河口往上大约有50~60英里。

图10 大猩猩（沃尔夫）

043

"如果'庞戈'这个词源于非洲，那它可能是"姆庞奎"这个词的变体。这是加蓬河两岸的部落的名称，因此也适用于他们的居住地。当地人将黑猩猩称为恩契埃科，他们尽量将其英语化，这也是常用名称'焦科'一词的来源。姆庞奎人把与黑猩猩近似的种类称为恩济埃纳，读时延长第一个元音，轻读第二个元音。

"恩济埃纳栖息在下几内亚的内地，而恩契埃科的栖息地靠近海岸。

"大猩猩体长约5英尺，与肩的宽度不成比例，身上覆盖着又粗又厚的黑毛。据说毛的排列类似于恩契埃科。随着年龄的增长，毛色会变成灰色，因而有了关于这两种动物有不同毛色的报道。

"头部——其最显著的特征是：面部既宽又长，臼齿部位很长，下颚分支很长并向后方伸展，头盖骨较小；眼睛很大，据说和恩契埃科的眼睛一样，闪着褐色的光。鼻子宽而扁，鼻根稍稍隆起；口鼻部较大，嘴唇和下巴上长着灰色的毛。下唇经常移动，当它愤怒时，下唇可以伸展到下巴；脸部和耳朵都没有毛，皮肤呈现出接近黑色的暗褐色。

"头部最显著的特征是沿着矢状缝有一个由毛所形成的高嵴，与头后面的一个不太明显的横嵴相接，这个横嵴从一只耳朵的后面环绕至另一只耳朵的后面。这种动物可以自由地前后牵动头皮。当它愤怒时，头皮被牵向眉毛，毛嵴就会被拉下来，毛就向前突出，呈现出一种难以描述的凶恶的样子。

"颈部粗短而多毛，胸部和肩部很宽，据说有恩契埃科的两倍长；臂也很长，可以伸到膝盖的下面——前臂较短，手很大，拇指比其他手指更为粗大。

"行走时步态蹒跚，身体不像人一样直立着，而是向前倾，有点从左往右旋转摆动。臂比黑猩猩的长；在行走时，俯身的程度不像黑猩猩那样大，但像黑猩猩一样两臂前伸，手放在地上，用两只手支撑着身体，半摇半跳地向前移动。在做这个动作时，它不是像黑猩猩那样弯曲着手指，而是用指关节支撑身体，并伸直手指，以手作为支点。据说大猩猩常作出步行的姿态，并通过向上方弯曲双臂维持其巨大身体的平衡（图11）。

图11 步行中的大猩猩（沃尔夫）

"它们过着群居的生活，但数量没有黑猩猩多。雌性往往多于雄性。很多报告者都断言：一群中只有一只成年的雄性；因为雄性大猩猩成年后，就会发生争夺配偶的争斗，最强者会把其他雄性杀死或驱逐出去，从而成为群体中的头领。"

萨维奇博士否认了大猩猩掠夺妇女和战胜大象的说法，并补充说：

"它们的居住地（如果可以这样称呼的话），类似于黑猩猩的居住地，仅由一些木棒和带叶的树枝构成，并用粗树枝和树杈支撑着。它们的居住地没有遮蔽物，只在夜间睡觉时使用。

"它们极其残暴，常常表现出攻击性，不像黑猩猩那样见人就跑。对当地人来说，它们是一种恐怖的生物。除了在防御时外，当地人从未遇到过它们。所捉住的少数大猩猩是被猎象者和当地的商贩杀死的。他们在穿过森林时突然发现它们。

"据说雄性大猩猩刚被发现时会发出恐怖的类似于'克—阿''克—阿'的叫声，尖锐的声音在大片森林里回响。它的巨大的下颚在呼气时张得很大，下唇耷拉到下巴上，头上的毛嵴和头皮牵拉到眉毛上，显出一种难以形容的凶恶的样子。

"雌性和幼年大猩猩在发出一声尖叫后，会很快消失，雄性则愤怒地接近敌人，显露出愤怒的样子，并快速而连续地发出可怕的叫声。猎人把枪放好，等着它靠近。如果没有瞄准，猎人会让它握住枪身，然后它会把枪身放入自己的口中（这是它的习性），这时猎人就会开枪。如果猎人未能开枪，枪身（普通小枪的薄枪身）就会被它用牙咬碎，猎人会受到致命的攻击。

第一章　类人猿的自然史

"野生大猩猩的习性类似于黑猩猩，会在树上造松垮的巢，吃同样的水果，随环境的不同而改变栖息地。"

福特证实了萨维奇博士的观察结果，并对其进行了补充。福特曾于1852年向费城科学院投寄了一篇关于大猩猩的论文。谈到这种最大的类人猿的地理分布，福特记述如下：

"这种动物栖息于几内亚内部的山脉中，北到喀麦隆，南至安哥拉，伸向内地大约100英里，地理学家称之为'水晶山'。我不能确定这种动物分布范围的南北界限。但可以肯定的是，北界一定在加蓬河以北相隔一段距离的地方。我最近到莫尼（丹戈）河河源旅行时，对这件事加以了确定。我听说（我认为是确实的）很多大猩猩栖息于这条河的发源地，甚至更往北的地方。

"在南部，这种物种的分布区域延伸到了刚果河流域。这是曾经到过加蓬河和刚果河之间的沿海地区的本地商人告诉我的。除此之外，我没有听到过其他报告。在大多数情况下，这种动物只分布于离海岸稍远的地方。有可靠的报告称，大猩猩住在这条河的南面离海不到10英里的地方，但在别的地方不像这样靠近海岸。但这是最近的情况。我听姆庞奎部落中的一些最年长的人说，以前只在这条河的发源地看到过这种动物，但现在在离河口一天半路程以内的地方也发现了这种动物。以前，这种动物栖息于布希曼人居住的山脊地带，但现在它已经大胆地接近了姆庞奎人的种植地。毫无疑问，以前关于大猩猩的报道过少的原因，是缺乏收集这种动物的信息的机会。一百年来，商人频繁地来往于这些沿河地区，如果展览最近一年内他们带到这里的标本，最笨的人也会注意到这种情况。"

福特先生检查的一只标本重170磅（不含胸部、腹部的内脏），胸围长4英尺4英寸。他把大猩猩的攻击状况描写得既详细又生动——尽管他未假称自己曾目击过那种场景——为了便于与其他记述比较，我把他论文中的这一部分摘录如下：

"尽管它在接近敌人时会弯曲着身体，但在攻击时，它会站立起来。

"尽管它从不躺着等待，但当它听到、看到或闻到有人来时，会立即发出有特点的叫声，并常表现出进攻的姿势，准备攻击。它所发出的声音更像是呼噜声，而不是低吼，类似于黑猩猩的叫声。它在发怒时发出的声音极其响亮，据说在很远的地方都能听到。它在准备袭击时，会把陪伴它的雌性和幼年大猩猩带到稍远的地方。当它很快回来时，它头顶上的毛直立起来并向前突出，鼻孔扩大，下唇低垂，同时发出有特点的叫声，似乎是为了让敌人感到畏惧。除非通过一次精准的射击使它失去战斗力，否则它会立即发动一次袭击，用手掌攻击它的对手，或紧紧地抓住敌人，使敌人无法逃脱，最终将敌人狠狠地摔在地上，用牙撕咬敌人。

"据说如果它抓到一杆火枪，就会立即用牙咬碎枪身……运到这里的一只幼崽的不顾死活的举动可以表明这种动物的野蛮天性。这只幼崽被捕获的时候非常小，只有4个月大。虽然人们采用了很多办法想驯服它，但都以失败告终。它在临死前一小时还咬了我。"

福特先生怀疑关于这种动物建造房屋和驱逐大象的故事的真实性。他说，消息灵通的本地人也不会相信这些故事。这些故事是说给小孩子听的。

我还可以从附在圣希莱尔的论文（上文提到过）中的弗朗凯和拉布蒂的书信中引用其他例证，但总觉得考量和筛选不够细致。

在我看来，如果记住现有的关于猩猩和长臂猿的记述，那么通过推论的方法批评萨维奇博士和福特的记述是不公正的。如前文所述，长臂猿常展现出直立的姿势，但大猩猩的躯体结构似乎使其比长臂猿更适合这种姿势。如果长臂猿的喉囊是重要的发声器官，它的声音可以达到半里格（一英里半）远，那么拥有更发达的喉囊，同时体积五倍于长臂猿的猩猩，发出的声音应该可以在两倍远的地方听到。如果猩猩在搏斗时使用双手，长臂猿和黑猩猩使用牙齿，那么大猩猩可能既用手也用牙齿。如果能证明猩猩也有筑巢的习惯，那么我们就无法否认黑猩猩和大猩猩也有筑巢的习惯。

这些证据被世人所知已经大约有 10~15 年了。最近，一位旅行者提出了自己的观点。但对有关大猩猩的研究来说，这些观点除了重复萨维奇博士和福特的观点以外，新的东西还很少。而萨维奇博士和福特的观点却受到如此多的反对和责难。如果不把先前所知晓的算在内，那么 M·迪·

夏吕对于大猩猩，根据他自己的观察只确定了一件事：这种动物在进行攻击时，会用拳头捶打自己的胸膛。我相信这个陈述比较恰当，没有什么可争议的。

关于非洲的其他类人猿，因为缺乏了解，M·迪·夏吕几乎没有谈到任何关于普通黑猩猩的事情。但他谈到了一个秃头的种（或变种），叫作埃希果·博佛，它们可以建造自己的藏身之所。还有一个稀有的种则具有相对较小的脸和较大的面角，并能发出类似于"枯罗"的声音。

猩猩的庇护所是用粗糙的树叶建造的。根据可靠的观察者萨维奇博士的描述，普通的黑猩猩可以发出"呼呼"声。照这样看来，我实在不明白为什么否定M·迪·夏吕在这些方面的记述。

我避免引用M·迪·夏吕的论文，并不是因为我认为他关于类人猿的描述是不正确的，也不是怀疑他的论文的真实性，只是因为在我看来，他的记述中存在无法解释和让人感到困惑的情况，而任何描述都不是他自己观察到的结果。

他所讲述的也许是真的，但不能当成证据。

第二章 人和次于人的动物的关系

很多人以为人与猿之间的差别，比白天和黑夜之间的差别还大。但实际上，如果把欧洲的英雄们和居住在好望角的霍屯督人进行比较，让人意想不到的是，这两种人来源于同一祖先。如果把高贵的王室公主和那些在山间自谋生活的人加以对比，也很难预想到这两种人属于同一种属。

——摘自林奈载于瑞典科学院论文集中的关于"人形动物"的部分

在人类的许多问题中，弄清人类在自然界中的位置以及人类同宇宙中的万事万物的关系是其中之一。这个问题构成了其他问题的基础，也比其他问题更加有趣。我们人类的种族起源于哪里？我们征服自然的力量和自然制约我们的力量有多大？我们要实现的最终目标是什么？这些问题经常出现在人们面前，并使每个生长在这个世界上的人产生极大的兴趣。我们当中的大多数人在寻求这些问题的答案时，一旦遇到困难和危险就畏缩不前，或者避开这些难题，或者使这种探索精神窒息在备受推崇的传统观点的束缚中。但是，在每个时代都会有一两个永不退缩的志士，他们拥有非凡的创造能力，认为确实可靠的基础才能作为科学依据，并反对怀疑主义，不愿走他们的前辈和同辈走过的舒适宽广的老路，而是披荆斩棘，开拓他们自己的道路。怀疑论者认为这些问题是无法解决的，或者否认宇宙中存在有秩序的发展和规律。那些天才将答案融入神学或哲学之中，或者隐藏于夸张的音乐语句之中，从而塑造出一个时代的诗文形式。

关于这些问题的答案，如果不被回答者所维护，也会被后来的拥护者所维护，并通过修正和完善，成为一个世纪或二十个世纪的权威和信条。但不可避免的是，时间将证明，这些答案仅仅是接近于真理。一种答案能够得以幸存，主要是因为信仰者无知，当受到后人更丰富的知识的检验时，这些答案就不再被人所接受了。

曾经有一个很有名的比喻，把人的生活与毛毛虫变为蝴蝶的过程相对比。但是，如果不用人的生活，而是用种族的智力进步来进行对比，这个比较就会更有新意。历史表明，人类的智力是靠不断增加的知识来培养的，每经过一段时间的增长，就会突破理论的覆盖物，呈现出新的状态。好像正在发育的幼虫，在每个成长阶段蜕去薄薄的皮壳，再长出新的皮壳。人类的成虫过程似乎时间更长，但每蜕一次皮就前进一大步，到现在人类已经前进很多步了。

自文艺复兴以来，欧洲推动了知识的进步。这些知识始于希腊哲学家，但之后其发展停滞了很长一段时间——这个时期只能说是知识的转型期。在此期间，人类的幼虫猛力地摄取营养，蜕皮也随之进行。

具有一定规模的蜕皮一次发生在 16 世纪，另一次发生在 18 世纪末期。在最近 50 年中，自然科学迅速发展，提供给我们富有营养的精神食粮，使我们感到一次新的蜕皮已经迫在眉睫了。但是，这个过程经常伴随着痛苦、疾病和虚弱，甚至可能发生大的骚动。每个好市民都可以感觉到这一过程，即使他除了一把外科手术刀以外别无他物，也要尽最大努力使皮壳裂开。

我要尽自己所能发表这些论文。必须得承认，其中一些关于人类在动物界中的位置的知识是理解人与宇宙的关系不可缺少的预备知识。关于这一点，还需要归结到前文所描述的奇异动物与人类的联系和亲缘关系问题。

这项研究工作的重要性是不言而喻的。当面对这些类似于人的动物时，即使是那些最缺乏思想性的人也会感到吃惊。这种惊诧并不是因为厌恶它们丑陋的外表，而是因为对于有关人类在自然界中的位置、人类和次于人的动物的关系这样一些确立已久的传统理论和根深蒂固的偏见感到震惊。不善于思考的人对人类和动物的亲缘关系仍存在一丝模糊的怀疑。但已经掌握了解剖学和生理学知识的人会广泛地进行辩论，从而获得深刻的结果。

现在，我要简单介绍一下这个论题，并把人类和兽类之间的关系等问题论述得浅显易懂，使不具备专门解剖学知识的人也能理解。然后，我会得出一个直接的结论。我根据那些事实断定这个结论是正确的。最后，我将讨论这个结论与人类起源的假说的关系。

读者首先需要注意的是，一些科学家普遍赞同的事实，却常常被自封为意见领袖的人所忽视。这些事实非常重要。我认为,认真思考过这些事实的人会发现那是生物学中最令人惊讶的内容。我列举的是发生学研究已经弄明白的事实。

有一个广泛的真理(即使不是普遍的真理):每一种生物刚出生时都具有与其成熟时不同的简单形式。

橡树远比橡籽中包含的幼小植物更为复杂;毛毛虫比虫卵复杂,蝴蝶又比毛毛虫复杂。所有这些生物从出生到成熟都会经历一系列的变化,所有这些变化概括起来就是"发展"。高等动物的这些变化极其复杂。但在最近的半个世纪内,冯贝尔、拉特克、赖歇特、比肖夫、拉马克等人的研究几乎完全揭开了这些变化的奥秘,以至于胚胎学家能够把狗的发育过程中的每个阶段都像小学生了解蚕的变态发育阶段一样了解得很透彻。现在,我就介绍狗的各个发育阶段的性质和顺序,作为一般高等动物发育过程的普遍范例。

狗像其他动物一样(除了极低等的动物外,但进一步的研究或许会消除这种表面上的例外),起源于一个卵:作为一个主体,从各方面来说,这个卵都类似于鸡卵,但不像鸡卵那样有很多营养物质,体积也很小,也不能供人食用。它没有卵壳,因为对于在母体内发育的动物来说,卵壳不仅没有用,还会切断幼体的营养来源。哺乳动物微小的卵中并不包含那些营养。

实际上,狗的卵是一个小的圆囊(图12),由一层透明的薄膜构成,这个薄膜叫作卵黄膜,直径大约是 $\frac{1}{130}$ 英寸到 $\frac{1}{120}$ 英寸。卵内包含黏性营养物质——卵黄。卵黄内有一个更为精细的球状囊,叫作胚泡(图12a)。胚泡里有一个更为坚固的球状体,叫作胚核仁(图12b)。

第二章 人和次于人的动物的关系

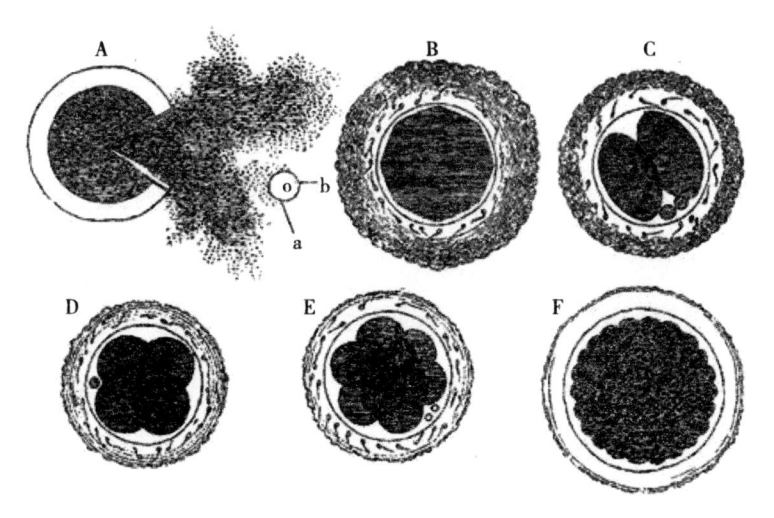

图12 A是狗的卵，卵黄膜破裂，产生卵黄、胚泡(a)及其内含的胚核仁(b)；B、C、D、E、F表示书中所描述的卵黄的连续变化（比肖夫）

卵最初在一个腺体中形成，在适当的时候被排出并输送到小室内。这个小室可以在漫长的怀孕期内保护和培育这个卵。如果需要的话，这些微小而似乎不怎么重要的生活物质会因为新奇、神秘的活动变得活跃。胚泡和胚核仁也变得难以区分（它们确切的命运是胚胎学家至今尚未解决的问题），但卵黄周围变成了锯齿状，就像被一把看不见的刀削过一样，然后卵黄会分裂为两个半球（图12C）。

这个过程在不同的平面内重复，两个半球进一步分裂成四个形状相同的团块（D）。这些团块以同样的方式再分裂，最终整个卵黄分裂为许多小颗粒，每个小颗粒包含一个中心体，就是叫作"核"的卵黄质小球（F）。大自然在这一过程中得到的结果与造砖场的技工的工作结果相似。她将卵黄的原质分裂为形态、大小都差不多的团块，用来建造生命建筑物的各个部分。

055

接下来，这些用于构造生物体的砖块，即学术上所说的"细胞"，呈现出有秩序的排列，进而转变为具有两层壁的中空球体。然后，球体的一面变厚，接着变厚区域的中央出现一条直沟（图13A），这条直沟会成为建筑物的中轴线，即狗体的中轴位置。沟两侧的物质逐渐隆起成褶皱，这就是长腔侧壁的雏形。这个长腔里最后将容纳脊髓和脑，长腔底壁长出一条细胞索，即"脊索"。这个闭合的长腔的一端最终形成头部（图13B），其他部分保持细小的样子，最终形成尾巴。身体的侧壁是由沟壁的下垂部分形成的。侧壁上逐渐长出许多小幼芽，形成四肢。认真回想这个过程的每一步，你会联想到雕塑者塑造雕像的情形。先捏出每个部分、每个器官的粗糙的轮廓，然后进行精密的塑造，最后表现出它的特征。

经过这些步骤，狗的胎儿呈现出如图13C所示的形态。在这种条件下，它有一个不成比例的大头，幼芽一样的四肢。头和腿完全不像狗的头和腿。

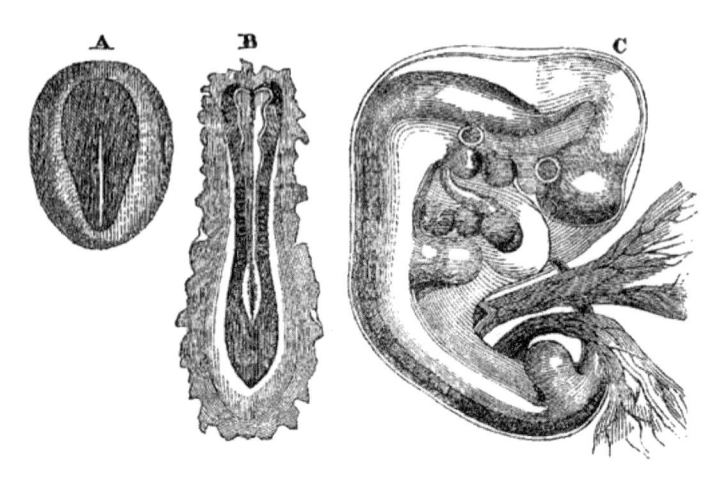

图13 A.狗最初的发育形态；B.晚些时候的狗的胚胎，已发育成头、尾、脊柱的基础；C.连接着卵黄囊和尿囊，被羊膜包裹着的狗的胎儿

供给小动物营养和发育没有用完的卵黄残留物，贮存在附着于原始肠部的囊中，即"卵黄囊"或"脐囊"中。与这个小生命相连并起保护和营养作用的两个膜囊，一个是从皮肤中长出来的，另一个是从身体后部的下表面长出来的。前者叫作羊膜，是一个充满了液体的囊，包裹着整个胎儿的身体，是胎儿的水床。另一个叫作尿囊，是从胎儿的腹部区域长出来的，带有很多血管，最后附着于胎儿室的腔壁上，这些血管是母体给胎儿输送营养物质的必要通道。

胎儿和母体的血管发生联系的部分，即胎儿从母体获取营养物质并排除废物的通道，叫作胎盘。

过多地阐述发育过程，既乏味，对我现在的目标来说也没有必要。所以，对于狗的发育过程，只需要说明：通过一系列漫长的连续的变化，我们所描述的雏形器官变成了一只小狗。小狗出生后，经过一系列缓慢且不易察觉的变化，成为一只成年的狗。

家养的鸡和看守农场的狗之间，看上去似乎没有什么共同之处。但是，胚胎学家发现，鸡和狗最初都是从一个卵开始的，而且这个卵的卵黄分裂、原始沟产生、胚芽各部分形成的方式也很相似。鸡和狗最初的发育非常相似，以至于难以看出有什么区别。

其他一些脊椎动物，如蜥蜴、蛇、蛙和鱼，都有与此相似的发育过程，都是从与具有相同基本结构的卵开始的。卵黄进行分裂，即"卵裂"。这一分裂过程的最终产物是构成动物幼体的建筑材料。建造过程围绕着原始的沟进行，在沟的底部长出脊索。在一个时期内，这些动物的幼体不仅在外形上相似，甚至所有的基本构造都相似，它们之间的差异非常微小。但在随后的发育过程中，它们之间的差异增大。有一个普遍的法则，即在成年时越相似的动物，它们的胚胎也更相似，并且类似的时间也更长。例如，蛇与蜥蜴的胚胎相似的时间长于狗与鸟的胚胎相似的时间，也比狗和负鼠，甚至狗和猴子的胚胎类似的时间长。

发育学的研究使我们可以清楚地检验出动物在身体结构上的亲缘关系的密切程度。人们也渴望获得人类发生学研究的结果。与其他动物相比，人类有什么特别之处吗？人类的起源是否完全不同于狗、鸟类、蛙和鱼，从而表明人类在自然界中并不占有一席之地，并和低于人类的动物之间不存在亲缘关系？或者说人类是否也和其他动物一样起源于一个相似的胚芽，经过同样缓慢而又连续的演化过程，依赖相同的保护和营养传送机制，最后在相同机理的帮助下诞生于世？这些问题的答案是不容置疑的，实际上，最近30年内也从未受到过质疑。毫无疑问，人类最初的样子和早期发展与比他低等的动物相同。在这方面，人和猿的关系比猿和狗的关系近得多。

人卵的直径大约是 $\frac{1}{125}$ 英寸，其构造与如上所述的狗卵大致相同，所以只需要用图（图14A）加以说明。人卵以与上述相同的方式从腺体中分离出来，其进入住室和发育的情况也完全相同。虽然目前不大可能（这样的机会很少）研究人卵的早期发育过程，但有充分的理由得出结论：人卵所经过的变化过程与其他脊椎动物是一样的。其根据是，已经观察到的最早的未发育的人体构成材料与其他动物的构成材料是一样的。图15所示的人类胎儿最早期的发育状态与狗最早期的发育状态很类似。人和狗之间的这种惊人的一致将持续若干时期，只要将该图与图14简单对比一下，就可以明白了。

第二章　人和次于人的动物的关系

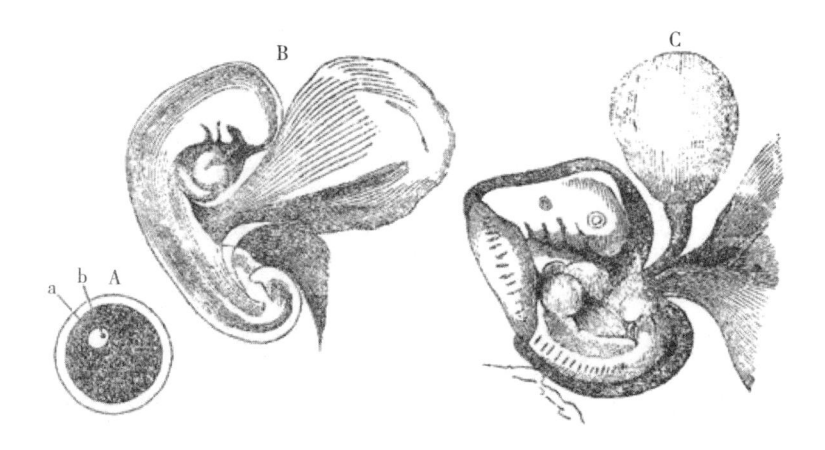

图14　A. 人卵（柯里克尔）：a. 胚泡；b. 胚核仁；
B. 人的胎儿的最早发育期，包含卵黄囊、尿囊、羊膜（原始状态）；
C. 人的胎儿的较晚发育期（柯里克尔），参考与图13C 的比较。

实际上，人类的胎儿和狗的幼体要经过很长时间才能容易进行区别。但在较早时期，通过两者的附属物，即卵黄囊和尿囊的形状，也可以对它们进行区分。狗的卵黄囊比较长，并呈纺锤状，人的则呈球状。狗的尿囊体积大，从尿囊上发育出血管突起，排列成环状带，最后形成胎盘（胎盘扎根到母体中吸取营养，如同大树扎根于大地，从土壤中获取养分一样）。人类的尿囊相对较小，血管的细根最后固定在一个圆盘状的点上。因此，狗的胎盘像一个环形物，而人的胎盘呈圆盘状，"胎盘"的名称就是由此而来的。

但是，正是那些在人体发育过程中与狗不同的地方，却和猿类似。猿和人一样有一个球形卵黄囊和一个盘状胎盘——有时胎盘分成了几叶。

所以，只有在发育的最后阶段，人的胎儿才和猿的胎儿有显著区别。猿的胎儿在发育上不同于狗的胎儿，正如人的胎儿在发育上不同于狗的胎

059

儿一样。

这个断言或许让人惊讶，但却被证明是真实的。我有充分的理由认为，人和其他动物的结构是一致的，更和猿类有很近的亲缘关系。

所以，人类和次于人类的动物最初的身体进化过程是相同的——早期的形成过程相同，出生前后获取营养的方式也相同。这使我们可以预料到，成年人和成年猿在构造上惊人地相似。人和猿之间的相似等同于猿和猿之间的相似，人和猿之间的差异等同于猿和猿之间的差异。尽管这些差异和相似不能被衡量，但它们的分类价值最终可以被估计出来。衡量这种价值的尺度或标准，可以用动物学家现在所使用的动物分类系统表示。

对动物之间的相似性和差异性的研究，使博物学家将动物划分为若干群组或集团，每一群组的成员都表现出特定数量的相似特征。群组越大，相似性就越小。反之，群组越小，相似性就越大。所有生物中只具有动物特征的个体组成了动物"界"。动物界中只具有脊椎动物特征的动物组成了一个脊椎动物"亚界"。这个亚界又可以分为五个"纲"：鱼类、两栖类、爬行类、鸟类和哺乳类。"纲"可以再被分为较小的群组，即"目""科""属"。属分成最小集团，称为"种"。这个最小的集团具有恒定的、非性别方面的特征。

动物学界关于这些或大或小的群组和特征的界限的观点已经渐趋统一。例如，现在已经没有人怀疑哺乳类、鸟类、爬行类这些纲的特征，对于人们所熟知的动物应该归入哪一纲也不再有疑问。再如，对于哺乳类中每个目的特征和界限，以及根据动物的形体特征应归入哪一目，也有了普遍一致的意见。

第二章 人和次于人的动物的关系

例如，现在没有人会怀疑树懒和食蚁兽、袋鼠和负鼠、虎和獾、貘和犀牛，都是同一个目的成员。把这些动物按上述顺序排列并进行对比，可以发现每一对动物之间都可能有巨大的差异。例如，它们四肢的构造和大小，胸椎和腰椎的数量，骨骼对攀爬、跳跃、奔跑的适应性，牙齿的数量和形状，头骨和脑的特征等方面都存在很大的不同。尽管有这些差异，但它们躯体的主要基本特征却是相似的，这些相似的特征又不同于其他动物，这使动物学家认为有必要把它们归入同一个目。如果发现新的动物，如果它与袋鼠或负鼠之间的差异不大于袋鼠和负鼠之间的差异，动物学家就会合乎逻辑地将其与袋鼠和负鼠归入同一个目，而不会作其他考虑。

记住这个动物学的推理过程，暂时把我们的思想从人性的面具中脱离出来。假设我们是具有科学素养的土星上的居民，熟悉居住于地球上的各种动物，并接受了一个克服了空间和引力等困难从地球来到土星的有魄力的旅行者的委托，鉴定他从地球带来的、保存在一桶酒精中的一种新奇的"直立而无羽毛的两足动物"（即人类。——译者注）。我们首先会赞同将其归入脊椎动物的哺乳类。根据其下颌骨、臼齿和大脑来确定他毫无疑问属于哺乳类中的一个新属。因为他在胎儿时期在母体中通过胎盘获得营养，所以我们将其称为"有胎盘的哺乳动物"。

更进一步，即使是最粗浅的研究也足以使我们确信，在有胎盘的哺乳动物中，不能把人类与鲸类或有蹄类、树懒和食蚁兽，或食肉类的猫、狗和熊，或啮齿类的鼠和兔子，或食虫类的鼹鼠、刺猬、蝙蝠，归入同一个目。

只剩下一个目，即猿类（广义的），可以和人作比较。这样，所要讨论的问题的范围就缩小了：人类与这些猿类之间的差异是否大到有必要单独构成一个目？或者人与猿的差异比猿类自身之间相比的差异小，因而要将人类和猿类归为同一个目？

因为这个问题的结论与我们没有实际的或想象中的利益关系，所以我们应该不偏不倚地考虑各方面的论证，并像讨论关于一种新的负鼠的问题那样冷静、公正。我们应不放大，也不缩小，尽力查清我们人类与猿类之间的不同之处。如果我们发现，与猿类和同目的其他动物的差异相比，这些构造特征的价值不大，那么我们应毫不犹豫地把地球上的这个新发现的物种与猿类归入同一个目。

现在，我要更加详尽地讨论一些事实。这些事实让我别无选择，只能得出上述结论。

在整体结构上最接近于人类的猿是黑猩猩或大猩猩。对于我现在所论述的，选用这两种动物中的哪一种都没有太大差别。我选择了大猩猩：一方面与人作比较，另一方面与其他灵长目动物作比较。之所以选择大猩猩，一方面是因为它的身体构造是已知的，另一方面是因为大猩猩现在在诗文中已经赫赫有名了，人们一定听到过它，并且对它的形象也已经有了概念。考虑到本文的篇幅以及论证的需要，我将尽量多地提出人类与这种动物之间的差别要点，并且把这些差别与大猩猩和同一目中的其他动物之间的差别进行比较，来探究这些差别的价值和大小。

通常来说，我们能够直观地感受到大猩猩和人在躯体和四肢的比例上有明显的差异。与人类相比，大猩猩的脑容量更小，躯干更大，下肢更短，上肢更长。

我在爱尔兰皇家外科学院博物馆中见到了一只完整的成年大猩猩的标

第二章　人和次于人的动物的关系

本。我对它进行了测量：它的脊柱从第一颈椎上边缘沿着前弯曲到骶骨末端的长度是 27 英寸，臂（不包括手掌的长度）长 31.5 英寸，腿（不包括脚的长度）长 26.5 英寸，手长 9.75 英寸，脚长 11.25 英寸。

换句话说，如果以脊柱的长度 100 作为基准，那么手臂的长度就是 115，腿的长度就是 96，手的长度就是 36，脚的长度就是 41。

利用同样的方法，我对这个博物馆的藏品中的一个成年的博斯杰斯曼男人的骨骼进行测量，以脊柱的长度 100 作为基准，则臂长 78，腿长 110，手长 26，脚长 32。同族的女人的臂长为 83，腿长 120，手长 26，脚长 32。测量一个欧洲人的骨骼，则是臂长为 80，腿长 117，手长 26，脚长 35。

所以，大猩猩和人的腿依照与脊柱的比例，第一眼看起来区别不是很大，只是大猩猩的腿比脊柱稍短些，人的腿比脊柱长 $\frac{1}{10}$ 至 $\frac{1}{6}$。大猩猩的脚稍长些，手则更长些。最大的差异是臂的长度：大猩猩的臂比脊柱长很多，人类的臂却比脊柱短很多。

那么就会有这样的问题：以脊柱长度 100 为基准，使用同样的测量方法，其他猿类在这些方面与大猩猩有什么关系呢？一只成年黑猩猩，臂长为 96，腿长为 90，手长为 43，脚长为 39，所以它们的手和脚与人类的比例相比差别很大，臂长相差较小，脚却和大猩猩的差不多长。

猩猩的臂比大猩猩的臂长得多（122），腿却短些（88）；脚（52）比手（48）长，按照与脊柱的比例，手和脚都很长。

关于其他种类的类人猿，如长臂猿，这些比例更让人吃惊：臂长和脊柱长的比例达到了 19∶11，腿也比脊柱长 $\frac{1}{3}$，比人的长些，而不是短些。手长相当于脊柱长的 $\frac{1}{2}$，脚比手短些，约为脊柱的 $\frac{5}{11}$。

所以，长臂猿的臂比大猩猩的长得多，就像大猩猩的臂比人的长得多一样；另一方面，长臂猿的腿比人的长得多，就像人的腿比大猩猩的长得多一样，所以长臂猿本身就存在着四肢偏离平均长度的最大差异。

山魈则表现出一种中间状态，臂和腿的长度相差不多，而且都比脊柱短，但是手和脚的比例及手脚和脊柱的比例都几乎与人类一样。

蛛猴的腿比脊柱长，臂比腿长。最后，引人注目的狐猴类中的大狐猴的腿和脊柱一样长，臂却不及脊柱长的 $\frac{11}{18}$，手大概比脊柱短 $\frac{1}{3}$，脚比脊柱长 $\frac{1}{3}$。

也许这样的例子还可以增加很多，但是现有的这些例子已经完全可以表明：在四肢的比例上，大猩猩和人类有所不同，而其他猴类和大猩猩之间的差别更明显。因此，这种比例上的差别在划分"目"时是没有价值的。

其次，我们考虑一下，在人和大猩猩中，由脊柱和连接在脊柱上的肋骨和骨盆组成的躯干表现出的差异。

部分是因为各个椎骨的关节面所具有的排列方式，但主要是因为一些把椎骨连接在一起的韧带具有弹性张力，使人的脊柱作为一个整体，形成一种美丽的S形弯曲：颈部向前凸，胸部凹，腰部凸、骶部凹。这样的排列为整个脊柱提供了很大的弹性，可以减少人在直立运动时通过脊柱传导到头部的震动。

此外，在通常情况下，人的颈部有7个椎骨，叫作颈椎；其下有12个椎骨，带有肋骨，并形成了背部的上部，叫作胸椎；腰部有5个椎骨，不带有游离肋骨，叫作腰椎；其下是由5个椎骨组成的前面呈凹腔的大骨，紧紧地嵌在髋骨之间，构成了骨盆的背面，这就是我们所熟知的骶骨；最后，

3 或 4 个或多或少可以活动的很小的椎骨构成了尾骨或退化的尾部。

大猩猩的脊柱同样被分为颈椎、胸椎、腰椎、骶骨和尾椎。颈椎和胸椎的总数与人类一样多。但是，在第一腰椎上附着着一对肋骨，虽然在大猩猩中很普遍，但在人类中却很罕见。因为只用是否有游离肋骨来区分腰椎和胸椎，所以大猩猩身上的 17 个"胸腰"椎可以被分为 13 个胸椎和 4 个腰椎，而人的则分为 12 个胸椎和 5 个腰椎。

不仅人偶尔有 13 对肋骨，大猩猩偶尔也会有 14 对肋骨。皇家外科学院博物馆里面的一只大猩猩和人类一样有 12 个胸椎和 5 个腰椎。居维叶记载过一只有同样数量的胸椎和腰椎的长臂猿。另一方面，在比猿低等的猴类中，很多有 12 个胸椎和 6 或 7 个腰椎，夜猴有 14 个胸椎和 8 个腰椎，怠猴有 15 个胸椎和 9 个腰椎。

大猩猩的脊柱，整体来看，和人相比的不同之处在于其弯曲不太明显，特别是腰部的凸度很小。但是，弯曲是存在的，这在年幼的大猩猩和黑猩猩的没有去掉韧带的骨骼中比较明显。另一方面，在保存的年幼的猩猩的骨骼中，脊柱在腰部的排列是直的，有的甚至是向前凹的。

不管从哪些特点来说，或者就从颈部棘突的比例长度得出的较小的特征和那些类似的特征而言，毫无疑问，人类和大猩猩之间的差别是很明显的；但是，在大猩猩和比它低等的猴类之间，也同样存在着明显的差别。

人类的盆骨或臀部的骨头，是人体结构中最能展示人类特征的部分：宽大的髋骨能够在人站立时为内脏提供支撑，而且为使人能够保持直立姿势的大型肌肉提供了附着面。在这些方面，大猩猩的骨盆和人类的有很大的差别（图15）。但是，可以看到，甚至在骨盆方面，较低等的长臂猿与大猩猩的差别比大猩猩与人的差别还大。长臂猿的髋骨又扁又窄，腔道又长又窄，坐骨结节粗糙并向外弯曲，这些都与大猩猩的不一样。长臂猿平时通过坐骨结节坐着休息，外面包裹着厚实的皮肤，即所谓的"胼胝"，这在黑猩猩、大猩猩和猩猩中，像人类一样，是完全不存在的。

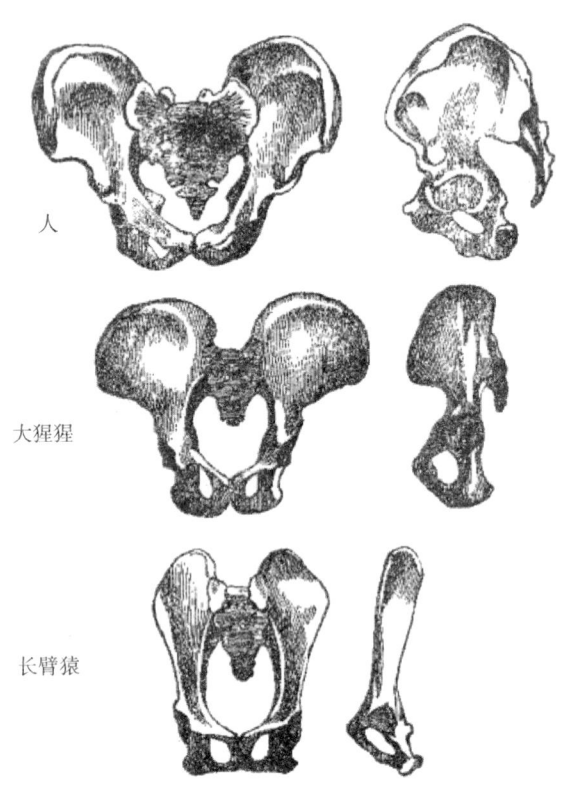

图15 人、大猩猩和长臂猿的盆骨前视图和侧视图（霍金斯依原图缩小，绝对长度相同）

在比猿类更低等的猴类和狐猴中，差异更为明显，骨盆完全具有四足动物那样的特征。

现在让我们转向一个更重要而且更有特点的器官——人类的这个器官与其他动物相比区别很大——我说的就是头骨。大猩猩的头骨和人类的头骨之间的区别真的非常大（图16）。大猩猩的脸部主要由大块的颌骨构成，比头骨大得多；而对于人类，二者的比例则是相反的。人类连接脑和身体神经的大神经索通过的枕骨大孔，位于头骨基底中心的后面，所以人在直立时头骨是均匀而且平衡的；大猩猩的枕骨大孔则位于头骨基底的后面三分之一处。人类的头骨表面比较光滑，眉脊通常稍稍凸起；大猩猩的头骨表面生有很大的脊突，凹陷的眼窝上面的眉脊就像巨大的屋檐一样。

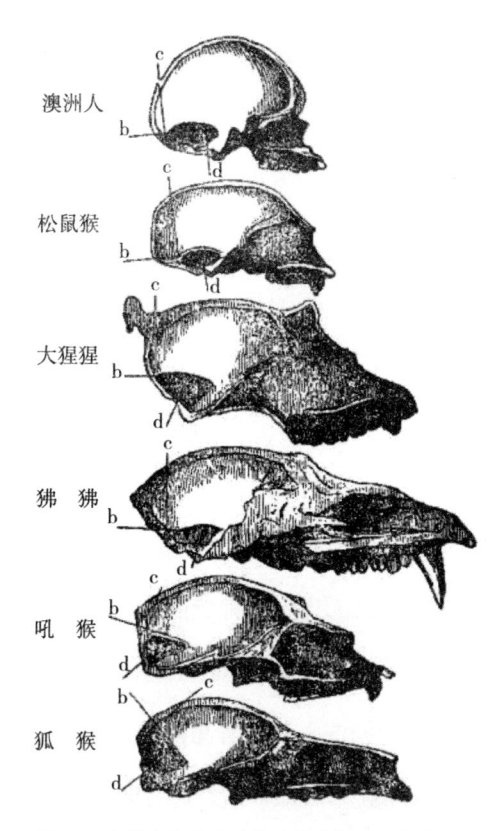

图16 人类和各种猿类的头骨的断面（各类脑腔用相同的长度表示，从而表示出面骨的不同大小。b线表示大脑与小脑之间的小脑幕平面。d线表示头骨的枕骨大孔轴。c线是小脑幕后的附着点垂直于b线的垂直线。c线后面的脑腔范围表明大脑覆盖小脑的程度，小脑的区域用阴影表示。在比较这些图的时候，我们应该注意：这些图片都很小，只能大概说明文中的意思，这些证据还需要用实物本身去检验）

然而，我们可以从头骨的断面看出：大猩猩的头骨的一些明显缺陷实际上并不完全是由脑壳的缺陷造成的，而更多的是由过度发达的面部骨骼造成的。颅腔的形状很正常，前额既不扁平也不向后凹陷，只是它真实的曲线被上面突出的大块骨头掩盖起来了（图16）。

但眼窝上部倾斜至颅腔中，从而减少了大脑前叶下面的空间，而脑的绝对容量远小于人的。我从未见过一个成年男子的头骨的容积小于62立方英寸，莫顿在人类所有种族中观察到的最小的头骨的容积为62立方英寸；迄今为止所测量到的大猩猩头骨的容积最大不超过$34\frac{1}{2}$立方英寸。我们可以假设，为简单起见，人类头骨的最小容积是大猩猩头骨的最大容积的两倍。

毫无疑问，这是一个非常显著的区别，但是考虑到关于脑容量的某些其他同样毋庸置疑的事实，它的分类价值就不怎么明显了。

首先，人类不同种族的颅腔的容积之间的差异，在绝对量上，比人类最小脑容量与猿的最大脑容量之间的差异大得多，虽然在相对量上，二者是大致相同的。莫顿所测得的最大的人类头骨，有114立方英寸的容量，几乎是最小头骨的一倍；而它的绝对超出值52立方英寸，远远大于成年男性最小的颅骨与大猩猩最大的颅骨之间的差值$62-34\frac{1}{2}=27\frac{1}{2}$。其次，迄今为止所检测到的成年大猩猩的颅骨，彼此间几乎相差三分之一：最大容量为$34\frac{1}{2}$立方英寸，最小容量为24立方英寸。再次，如果适当地考虑到大小的差别，一些较低等的猿类的脑容量，就相对量而言，比那些较高等的猿类的脑容量小的部分，几乎等于猿类的脑容量比人类的脑容量小的部分。

因此，即使在脑容量这样重要的方面，人类之间的差异比人类与猿类之间的差异还要大，而最低等猿类与最高等猿类之间的差异在比例上，就像最高等猿类与人类之间的差异那样大。如果考虑到猿猴大脑其他部分的变化，上面提到的比例还可以得到更好的说明。

第二章 人和次于人的动物的关系

大猩猩的面部骨骼很大，颌骨也很突出，使它的头骨具有小面角，体现出野兽的特性。

但是，如果我们只考虑面部骨骼和头骨的比例大小，那么小松鼠猴（图16）与大猩猩之间的差异就很大了，就像人类与大猩猩之间的差异一样大；而狒狒（图16）则过分地增大了大型类人猿口鼻部的大小，所以类人猿看起来比狒狒温和些，甚至有些像人。大猩猩与狒狒之间的差别，比第一眼看上去更大，因为大猩猩面部的大部分是由颌骨向下发育而形成的，而狒狒则是这个与人很像的特征加上像野兽一样的颌骨几乎完全向前发育的特征。狐猴在这个方面表现得更明显。

同样，吼猴（图16）的枕骨大孔完全位于头骨之后，狐猴的更靠后，它们的位置比大猩猩的都靠后一些，就像大猩猩的比人的更靠后一样。吼猴所属的阔鼻猴属（即美洲猴类）还包含松鼠猴，其枕骨大孔的位置比其他任何猿猴的都要靠前，几乎接近于人类枕骨大孔的位置。这似乎明显地表明：试图用枕骨大孔的特点作为分类的基础，是没有用的。

此外，和人类一样，猩猩的头骨没有很发达的眉脊，只是一些变种的头骨上有大的骨嵴；而一些卷尾猴和松鼠猴的头骨则像人类的一样光滑圆润。

头骨的这些主要特征就是这样，我们可以想象得到，头骨的所有次要特征也是这样的。所以，人的头骨和大猩猩的头骨之间的每一个固定的差别，在大猩猩的头骨和其他猿的头骨之间也可以找到同等程度（即同样性质的过多或缺少）的差别。所以，就头骨和一般的骨骼来说，人与大猩猩之间的差别，比大猩猩和一些其他猿类之间的差别小，这种说法是很有道理的。

在与头骨有关的方面,我要说一下牙齿。牙齿是具有特殊分类价值的器官,它在数量、形状和排列顺序上的相同和不同之处使其成为比任何其他器官都更可以信赖的表明亲缘关系的标志。

人类有两套牙齿,即乳齿和恒齿。前者由上下各4枚门齿、2枚犬齿和4枚臼齿构成,总共有20枚。后者(图17)包括4枚门齿、2枚犬齿、4枚被称为"前臼齿"或"假臼齿"的小臼齿,以及6枚较大的臼齿,上下两排,总计32枚。上颌的内侧门齿比外侧门齿大,下颌的内侧门齿比外侧门齿小。上颌的臼齿的齿冠有4个齿尖(圆钝的突起),还有一条从齿冠斜穿过,从内侧的前齿尖走到外侧的后齿尖的齿脊(图17,m^2)。下颌的第一臼齿有5个齿尖,外侧3个,内侧2个。前臼齿有2个齿尖,一个在内侧,一个在外侧,外侧的比较高。

大猩猩的齿系在以上这些方面与人类的很相似,可以用描述人类齿系的术语来描述,但在其他方面却表现出许多重要的区别(图17)。

人类的牙齿构成一个很有规律而且整齐划一的行列,中间没有空隙,也没有一颗牙齿比平均高度高。就像居维叶以前发现的那样,除了早已灭绝了的与人类大相径庭的"无防兽"外,其他任何一种哺乳动物都没有这种特点。相反,大猩猩的牙齿在上下颌都有叫作"齿隙"的间断或空隙:上颌的齿隙位于犬齿的前面,即在犬齿和外侧门齿之间;下颌的齿隙位于犬齿的后面,即在犬齿和第一前臼齿之间。上下颌的齿隙恰好能使对应的犬齿契入。大猩猩的犬齿很大,就像象牙一样远远超出其他牙齿的平均高度。大猩猩的前臼齿的齿根比人类的复杂,臼齿的大小比例也不一样。大猩猩

第二章 人和次于人的动物的关系

的下颌最后面的臼齿的齿冠也比人类的复杂，而且恒齿出现的顺序也不同：人类的犬齿在第二枚和第三枚臼齿出现之前出现，大猩猩的犬齿则在第二枚和第三枚臼齿出现之后才出现。

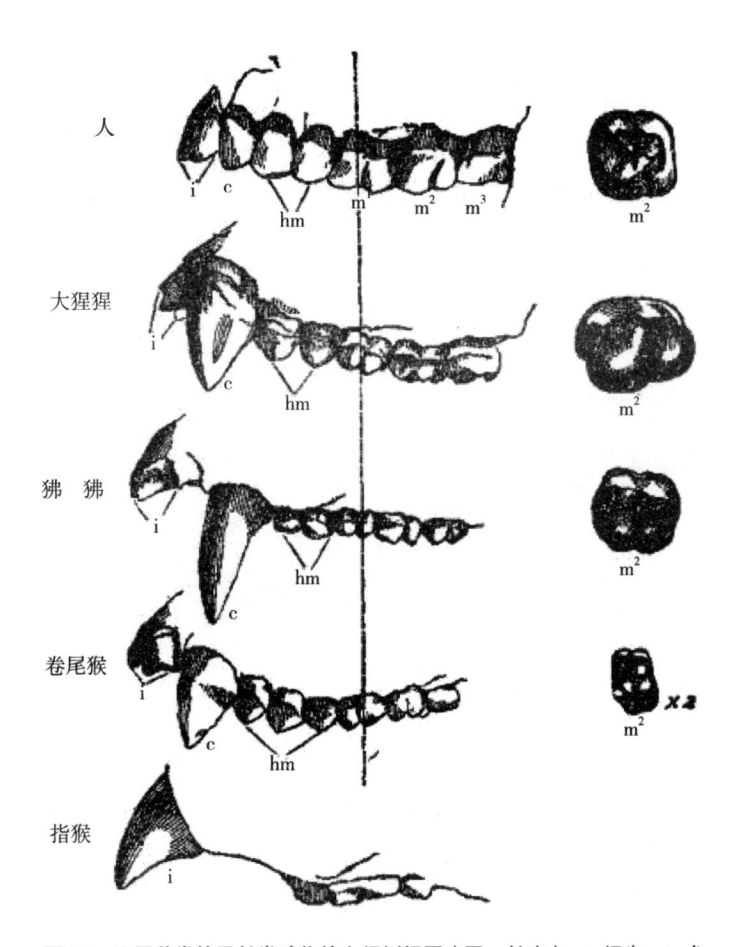

图17 不同种类的灵长类动物的上颌侧视图（同一长度）：i. 门齿；c. 犬齿；pm. 前臼齿；m. 臼齿。画一条虚线，通过人、大猩猩、狒狒和卷尾猴的第一臼齿。右面各图表示的是各个种类的第二臼齿的咬合面，它的前内角位于 m^2 的 m 的上面

因此，大猩猩的牙齿在数量、种类和齿冠的形状上与人类的牙齿很相似，

071

但在一些次要方面，如相对大小、齿根数量和萌发顺序等方面，则与人类的有明显的差别。

如果将大猩猩的牙齿与一种类似于狒狒的猴子的牙齿作比较，很容易观察到一些差异和相似之处，但很多大猩猩与人的相似之处是它与狒狒的不同之处，而狒狒在各方面都更加明显地体现出那些大猩猩与人类的不同之处。狒狒牙齿的数量和性质与大猩猩的和人的是一样的。但狒狒的上颌臼齿的样式则与如上所述的完全不同（图17），犬齿更长而且更呈现出刀状，下颌第一前臼齿的形状很特殊，下颌后臼齿比大猩猩的更大而且更复杂。

从旧大陆的猴类到新大陆的猴类，可以看到一个更重要的变化。例如，在卷尾猴这样的属内（图17），虽然在一些次要方面，如犬齿的突出和齿隙，仍保留了与大猿类似的特点，但在其他更重要的方面，齿系就很不一样了。乳齿不是20枚，而是24枚；恒齿不是32枚，而是36枚，即前臼齿从8枚增加到12枚。在形状上，臼齿的齿冠与大猩猩的很不一样，与人类的相比就相差更远了。

另一方面，狨猴的牙齿数量与人和大猩猩的牙齿数量一样，但是齿系差别很大：像其他美洲猴子一样，缺少4枚臼齿，但多出4枚前臼齿，所以牙齿总数仍然是相同的。从美洲猴类到狐猴，齿系在本质上与大猩猩更加不同了：门齿在数量和形状上都有所不同，臼齿慢慢地形成了一种多尖的食虫类的特征。在指猴属内，犬齿消失，牙齿完全成了啮齿类动物的牙齿的样子（图17）。

所以，很明显，虽然最高等的猿的齿系与人的差别很大，但与较低等的和最低等的猿类的齿系相比，差别就更明显了。

动物身体机构中的任何一个部分，不管是肌肉，还是内脏，都可能被拿来作比较，其结果是相同的：比猿低等的猴类与大猩猩之间的差别比大猩猩与人类之间的差别更大。这里我不能详细说明这些差别，而且实际上也没有这个必要。但是，人和猿之间的事实上的或假设的区别仍然存在。因为人们对此给予了很多关注，所以需要认真研究，以便能对真实的研究结果给予正确的评价，并揭露那些虚构的研究结果。我要说一下手、脚和脑的特点。

人类是唯一上肢末端有两只手、下肢末端有两只脚的动物，而所有的猿类都被说成有四只手。可以肯定的是，人类的脑和猿类的脑有着根本的区别，只有人类的脑才有解剖学家所说的后叶、侧脑室后角和小海马等结构。令人惊奇的是，这个断言一次又一次地被重复。

上述第一种观点已经得到一般意义上的承认，这并不令人惊讶。事实上，这种观点只需要看一眼表面特征就能得到支持。但是，对于第二种观点，人们只能欣赏提出者不同凡响的勇气，不仅因为这是一个创新，也因为它与被普遍接受的学说对立，而且直接遭到了专门对此事展开调查研究的原始探索者的否定，还因为迄今为止它不能被任何一个解剖样本所证明。如果不是因为人们普遍认为一再重申的断言一定有某种依据，它实际上是不值得去认真反驳的。

为了更好地讨论第一点，我们必须慎重地考虑并比较人手和人脚的结构，从而对手和脚的结构有更清晰明了的概念。

人手的外部形态大家已经足够熟悉了。它有一个粗壮的手腕，后面是一个宽阔的手掌，由肌肉、腱和皮肤组成，把4块骨头联结在一起，并分出4根可以弯曲的长手指，每个手指在最后一节的背面末端都有一个宽扁的指甲。任何两个手指之间的最长裂缝的长度都不到手长的一半。手掌底部的外侧有一个粗壮的手指，只有两节，而不是三节，它很短，末端只达到紧挨着的那个手指的第一节的中部，它有很好的可活动性，还能向外侧延展成几乎同其他手指呈直角。这个手指叫作拇指。与其他手指一样，拇指末节的背面末端也有扁的指甲。拇指因为其比例和可动性而被称为"可对向的"，换言之，它的末端可以非常容易地与任何一个手指的末端接触。依靠这种对向性，我们的许多想法得以实现。

脚的外形和手差别很大。但是在仔细比较之后，可以发现二者还是呈现出一些比较独特的相似之处。即脚踝和手腕、脚底和手掌、脚趾和手指、大脚趾和拇指等，在某种意义上是非常相似的。但是，脚趾在比例上比手指短得多，并且可活动性不是很好，对于这一点大脚趾表现得更为明显。但是，我们不能忘记，文明人的大脚趾是因为在幼年时期就被比较紧的鞋子所束缚，所以才缺乏可活动性的。而未开化的人和喜欢赤脚的人，其大脚趾还保留着很大的可活动性，甚至还有一些对向性。据说，中国的船夫可以用大脚趾划船，孟加拉的工匠可以用大脚趾织布，卡拉加斯人能用大脚趾偷鱼钩。但是无论如何，大脚趾的关节构造和骨头的排列，使其弯曲握捉的动作远不及拇指灵活。

为了了解脚和手的异同之处，以及它们各自的显著特征的精确概念，我们必须深入到皮肤的下面，以比较它们各自的骨骼结构和运动机制（如图18）。

第二章 人和次于人的动物的关系

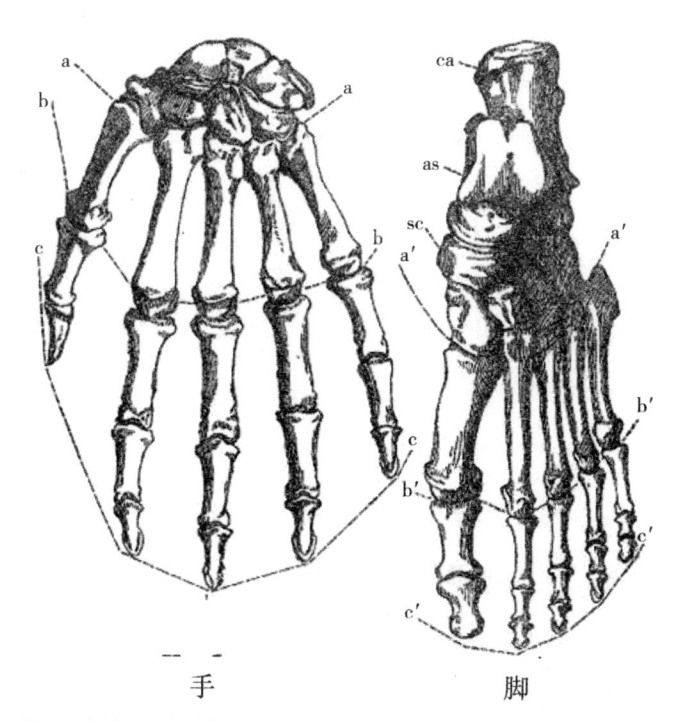

手　　　　　　　　　脚

图18 人的手和脚的骨骼（按照格雷解剖学书中卡特所绘的图缩小而成。图中手的比例尺比脚的大。aa 线指明手的腕骨和掌骨间的界限。bb 线指明掌骨和基指骨间的界限。cc 线指明端指骨的末端。a'a' 线指明脚的跗骨和蹠骨间的界限。b'b' 线指明蹠骨和基趾骨间的界限。c'c' 线指明端趾骨的末端。ca 线指明跟骨。as 线指明距骨。sc 线指明跗骨中的舟状骨）

手腕部分的骨骼由两列紧密连接的多角形骨头（术语称之为腕骨）组成。每列各有4块骨头，大小大致相等。第一列骨头和前臂骨一起构成了腕关节。这些骨头是并列的，没有一块骨头超越别的骨头或是互相重叠。

腕骨第二列里的3块骨头，连接着支撑手掌的4根长骨。具有同一性质的第五根长骨，以较为灵活的方式与腕骨相连接，并构成了拇指的基部。这5根长骨叫作掌骨。这些掌骨上连着指骨。其中，拇指有两节指骨，其他各指各有3节。

手和脚的骨骼在某些方面很相似。相当于拇指的大脚趾只有两节趾骨，其他脚趾各有3节。每一节趾骨连接着一根与掌骨相当的长骨头，叫作蹠骨。与腕骨相当的跗骨，有4块短而呈多角形的骨头，排成一列。它和手的第二列的4块腕骨对等。在其他方面，脚和手的差别则很大。大脚趾是最长的脚趾，并且大脚趾的蹠骨和跗骨的连接远不如拇指的掌骨和腕骨的连接活动自如。其中一个更为重要的区别在于：跗骨除了包含上述4块一列的骨头外，另外还有3块而不是4块小跗骨，并且它们不是排成一列。在这3块骨头中，有一块叫作跟骨，位于外侧，向后突出成为脚后跟；另一块叫作距骨，一面靠在跟骨上，另一面和小腿骨共同构成踝关节，其第三面向着前方，并被一块叫作舟状骨的骨头把它和与蹠骨邻近的3块内侧跗骨隔开。

因此，手和脚的结构有非常明显的区别。只要将腕骨和跗骨对照一下，就可以很明显地观察到这些区别。另外，将掌骨和蹠骨的大小比例、活动性以及相应的各指和趾的骨头比较一下，就可以观察出它们之间的差异。

在把手和脚的肌肉进行对比时，可以看出属于同一性质的两类差别。

有3条叫作"屈肌"的主要的肌肉，具有弯曲手指和拇指的作用，因此可以握拳。还有3条肌肉——伸肌，具有伸展手指的作用，因而可以伸直手指。这些肌肉都是"长肌"，即每条肌肉的肉质部分附着在臂骨上，而它的另一端延续成腱，进入手内，最后附着在可以活动的骨头上。因此，当手指弯曲时，附着在臂骨上的屈肌的肉质部分，因为肌肉固有的特殊作用而收缩，牵拉着处于肉质其他部分的腱，从而使腱可以把手指骨向掌心弯曲。

手指和拇指的主要屈肌是长肌,而且彼此始终完全可以区分而不相混杂。

在脚趾上也存在3条主要的屈肌和3条主要的伸肌。但是其中一条屈肌和一条伸肌都是短肌,即它们的肉质部分不是位于小腿内部(它相当于前臂),而是在脚背和脚底(相当于手背和手掌)上。

此外,脚趾和大趾的长屈肌的腱在到达脚底的时候,不像手掌的屈肌那样彼此分明,而是互相连接、混杂,呈现出一种很奇怪的样子。而这些连接的腱还接受一条与跟骨相连接的附加肌。

但是,脚的肌肉最突出的特征,或许是一条被称为腓骨长肌的长肌肉。它附着于小腿外侧的骨头上,把它的腱伸向外踝,并通过踝的后部和下方,再斜横过脚部与大脚趾的根部相连接。手没有与其相当的肌肉。显然,只有脚有这种肌肉。

概括地说,人的脚和手是根据下述解剖学上的差别区分的:

(1)根据跗骨的排列。

(2)根据趾骨有一条短屈肌和一条短伸肌。

(3)根据有称作腓骨长肌的肌肉。

因此,如果我们想要确定其他灵长类的肢体末端是手还是脚,一定要根据是否有上述特征来决定,而不能只根据大脚趾的比例和可活动性来决定。因为在脚的结构未发生根本变化的情况下,大脚趾的比例和可活动性是可以无限变化的。

根据上述考虑,现在让我们转到对大猩猩四肢的研究。区分大猩猩的前肢末端并不困难。不管是肌肉对肌肉，还是骨头对骨头，在排列上基本都和人的一样。或许也有一些小的差异，正如在人类中所见到的变异一样。大猩猩的手较粗笨，拇指比人的拇指短一些。但是，从未有人怀疑那是真正的手。

乍一看，大猩猩的后肢末端与手很相似，很多较低等的猿猴类也有此特征。因此，由布鲁门巴哈采用古代解剖学家所定的，后来不幸被居维叶传播的"四手兽"的名称，能被公认为一般猿猴类的通称，是不足为奇的。但是，对于"后手"与真手相似这种观点，只要进行粗略的解剖学研究，就可以立刻知道这只是一种肤浅的见解。而在所有根本的方面，大猩猩的后肢端部有脚，和人的脚一样。跗骨的形状、数量和排列等方面都和人类的基本一样（图19）。另一方面，蹠骨与趾骨长而细；大脚趾不仅在比例上看较短、较弱，而且它的蹠骨和趾骨还被一个更为灵活的关节所连接。它的脚和小腿的连接也要比人类的斜一些。

肌肉则有一条短屈肌、一条短伸肌和一条腓骨长肌。而大脚趾和其他脚趾的长屈肌的腱相互连接，并与一组附加肌相连。

因此，大猩猩的后肢有具有可以活动的大脚趾的真正的脚。虽然它确实可以握东西，但是无论如何也不能将其当作手。它作为脚，就其根本特征而言，与人类并无区别，只是在组成部分的大小比例、可以活动的程度以及排列等方面存在不同罢了。

然而，不能因为我说这些不是根本差异，就以为我要低估它们的价值，这些差异还是具有重要价值的。脚的构造，在各种情况下，都与动物的其他部分的构造紧密相关。我们更不能怀疑，腿和脚在生理上承担了较多的工作——人类支撑身体的功能完全落在脚和腿上。但是归根结底,从解剖学的角度来看,大猩猩的脚与人的脚之间的相似性,与它们之间的差异相比,更为显著而重要。

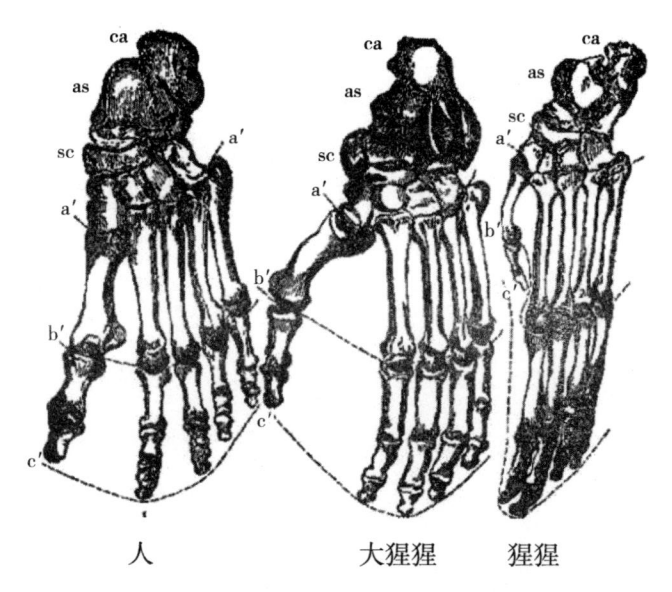

图 19 人、大猩猩和猩猩的脚(根据同一绝对长度,表示其各部分的比例差异。各部分名称如图 18 所示。由霍金斯根据原图缩小而成)

我之所以对这一点加以详细论述,是因为关于这一点曾经流传着很多误解。其实,即使我忽略了这一点,也不会对我的论证造成多大影响。我只需要在这些论证中指明人与大猩猩的手脚有何区别即可——大猩猩的手脚与比它低等的猴类的手脚之间的差异比人的手脚与大猩猩的手脚之间的差异大得多。

在得出关于这个题目的明确结论的过程中,并不需要讨论比猩猩低等的猴类。

就拇指差异来讲，猩猩与大猩猩之间的差异，要大于大猩猩和人类之间的差异。猩猩的拇指不仅短，而且缺少特有的长屈肌。猩猩的腕骨，和大多数比它低等的猴类一样，含有9块骨头。然而，大猩猩和人类一样，腕骨都有8块骨头。

猩猩的脚（图19）更为异常：有很长的脚趾和跗骨、短的大脚趾、短而隆起的跟骨、它和小腿关节连接处的大倾斜度，以及缺少一条通向大脚趾的长屈肌腱。这些特征使猩猩的脚和大猩猩的脚之间的差异大于大猩猩的脚与人类的脚之间的差异。

大猩猩的手脚与一些低等猴类的手脚之间的差异大于猩猩的手脚与大猩猩的手脚之间的差异。美洲猴的拇指不能和其他手对向。蛛猴的拇指已经萎缩，只留下残迹，被皮肤包裹着。狷猱的拇指向前，并且与其他脚趾一样，具有弯曲的爪子。因此，这些事例完全可以说明，大猩猩的手与人手之间的差异小于大猩猩的手和猴类的手之间的差异。

至于说到脚，狷猱的大脚趾，在比例上比猩猩的大脚趾小得多。而狐猴的大脚趾却很大，和大猩猩的一样，很像拇指，可以和其他四指对向。但是，在这些动物中，第二个脚趾往往都变形了。在一些种类中，两块主要的跗骨，即距骨和跟骨极度延长，使脚的形状完全不同于任何其他哺乳动物的脚。

肌肉亦是如此。大猩猩的脚趾的短屈肌与人类的脚趾的短屈肌的不同之处，在于它的短屈肌中的一条肌肉不与跟骨连接，而是与长屈肌的腱相连接。和大猩猩不同，猴类在这一性状上更加突出，有两条、三条或更多条的肌肉附着在长屈肌的腱上；或者因为这些肌肉的数量成倍数地增加而与大猩猩不同。此外，大猩猩的长屈肌腱之间的连接方式与人类的也有所不同。而大猩猩与猴类相比，同一部位的肌肉的排列方式不同，有时排列得很复杂，又经常缺少附加肌束。

　　脚虽然有上述变化，但是应该记住，脚并没有失去任何基本特征。任何猴和狐猴的跗骨都有特殊的排列方式：具有一条短屈肌、一条短伸肌和一条腓骨长肌。虽然这个器官在大小比例和形状等方面存在着种种变化，但是其后肢末端在构成方式上和在原理上都只能是脚，在这些方面脚绝对不能和手相混淆。

　　身体结构的任何其他部分，都不能比脚和手更适合说明，人类和猿类在构造上的差异不如猿类和猴类之间的差异大。或许对另外一个器官的研究可以更显著地加强上述结论，这个器官就是脑子。

　　首先，我们必须明白在大脑结构上，哪些是大差异，哪些是小差异，这对于研究猿脑和人脑的差异至关重要。为了达到这一目的，最好简单地研究一下，脑在脊椎动物系统中的主要变化。

　　鱼的脑子，和与它连接的脊髓以及从它发出的神经相比，是很小的。脑子的嗅叶、大脑半球和后面连接的部分，大小差不多，并没有哪一部分过多地超过其他部分，以致遮蔽或覆盖其他部分。视叶一般是所有部分中最大的。在爬行类动物中，如果将脑和脊髓进行比较的话，脑量的确增加了，而且大脑半球开始超越其他部分。这种区别在鸟类中更加明显。最低等的哺乳动物，如鸭嘴兽、袋鼠、负鼠等，脑量增大的发展趋向更加明显。它的大脑半球增加到很大，甚至或多或少地掩藏了较小的视叶。因此，有袋类的脑子与鱼类、爬行类和鸟类的脑子之间存在着很大差异。在进化等级上再上一层，即在胎盘类哺乳动物中，脑的构造发生了很大变化。这种变化，并不是老鼠或兔子的脑子与有袋类的脑子在外形上差异有多大，也不是脑子的各部分比例有很大变化，而是在大脑半球之间出现了一个明显的新构造，叫作"大连合"或者"胼胝体"。它将大脑两半球连接起来。但是如果现在被普遍接受的记述是正确的，那么在所有脊椎动物里，有胎盘类哺乳动物的胼胝体的出现显示出最大、最突然的脑的变化。这是大自然在制造脑的工作中的最大进步。脑的两半球从此就互相连接起来了。对于脑的错综复杂的发展，从低等的啮齿类或食虫类到人类，可以追踪这一系列的完整的发展过程。脑的错综复杂，主要是因为大脑半球和小脑，尤其是前者，与脑子的其他部分相比，显得不相称的发达。

从上面看较低等的有胎盘类哺乳动物的脑子，小脑的上半部分和它的后面没有被大脑半球覆盖，因此可以完全看见。但在较高等的有胎盘类哺乳动物中，大脑半球的后部和小脑的前面仅被小脑幕所隔开，后部向后下方倾斜和突出，形成所谓的"后叶"，最终将小脑遮盖起来。每一个哺乳动物的大脑半球内都有一个叫作"脑室"的腔。这个脑室在半球内向前方和后方延伸成两个"角"，即一个"前角"和一个"下角"。如果后叶很发达，脑室就延长成第三个角，叫作"后角"。

较低等的和小型的有胎盘类哺乳动物的大脑半球表面有的光滑，有的呈现出均匀的圆形，有的有少数的"沟"和分隔的脊（或"回"）。所有"目"里面的小型种类，一般都有同样光滑的脑子。但是在高等的"目"里，尤其是其中的大型种类，沟的数量很多，脑回的路子也相应地更为复杂。象、海豚、较高等的猿猴类和人类，大脑表面有迷宫似的迂回褶皱。

如果有后叶和后叶内常有的腔——后角，那么通常就会在后叶的内面

第二章　人和次于人的动物的关系

和下面出现一条特别的沟,与后角平行并位于后角底壁的下面。这个后角呈拱形,跨越沟的顶壁。这条沟好像是用一种钝的工具从外面刻入后角的底壁而形成的。所以,隆起的后角底壁就像一个凸丘一样。这个凸丘叫作"小海马"。但是,这些凸丘在功能上到底有什么重要性,现在还不得而知。

在猿猴类的脑子方面,大自然为我们提供了一系列完整的进化过程,即从比啮齿类稍微高等一些的直到比人类稍低等一些的脑子。这一较为明显的例子似乎表明在人和猿类的脑子之间不可能有任何屏障。从我们现有的知识来看,在猿猴类的脑子中,的确存在一个真正的构造上的间断。这个间断不是存在于人类和猿类之间,而是存在于低等和最低等的猴类之间。换言之,就是存在于新旧大陆的猿猴和狐猴之间,这的确是一件引人注意的事。就我们所观察到的每只狐猴来说,可以从上面看到它的一部分小脑,它的大脑后叶,连同它的后角及小海马都比较原始。相反,狷狨、美洲猴、旧大陆猴、狒狒或类人猿的小脑后面完全为大脑叶所遮盖,并且它们具有一个大的后角和一个发达的小海马。

可以肯定的是,在很多这类动物中,如松鼠猴,它的大脑叶覆盖小脑,并向后伸展得很远,从比例上讲比人类的还要向后些(图16),小脑全部为十分发达的后叶所遮盖。任何人只要有一个新大陆猴或旧大陆猴的头骨,就可以证明这一事实。因为所有哺乳动物的脑都完全使颅腔充满,所以可以通过颅内部的模型复制脑子的一般形状。虽然干的颅骨内没有包裹脑子的脑膜,使脑模型与实际的脑子之间存在着微小的差别,但是对于我们现在要说明的问题,这些区别是微不足道的。如果用石膏铸成这样一个模型,与人的颅内部模型相比,代表猿猴的大脑室的模型完全覆盖了代表小脑室的模型，显然同人类是一样的（图20）。一个粗心的观察者，如果忘记了像脑一样柔软的构造在被从颅内拿出来时会失去原形，就可能在看到一个被拿出来的变形的大脑连着裸露的小脑时，误认为这是大脑自然的组成关系。但是如果将大脑再装回到颅腔里，他就会明白他所犯的错误了。认为猿类的小脑后部原来就是裸露的这种错误理解，好比一个人的胸部被剖开时，因为没有了空气的压力而导致人的肺缩小了，就以为人类的肺只在胸腔中占据了很小一部分空间。

在研究比狐猴高等的猿猴的头骨的切面时，如果不尽力做一个模型，显然是大错特错的。像人类的头骨一样，任何一个这样的头骨中都有一条很明显的沟，即小脑幕的硬脑膜的附着线。小脑幕是一种类似于羊皮纸的搁板或隔层，位于大脑和小脑之间，起到防止后者被前者压迫的作用（图16）。

因此，这条沟就是颅腔中包含大脑的部分和包含小脑的部分的分隔线。因为大脑充满了颅腔，所以颅腔中这两部分的关系使我们很容易明白这两部分填充物之间的关系。人类和所有新旧大陆的猴类（除

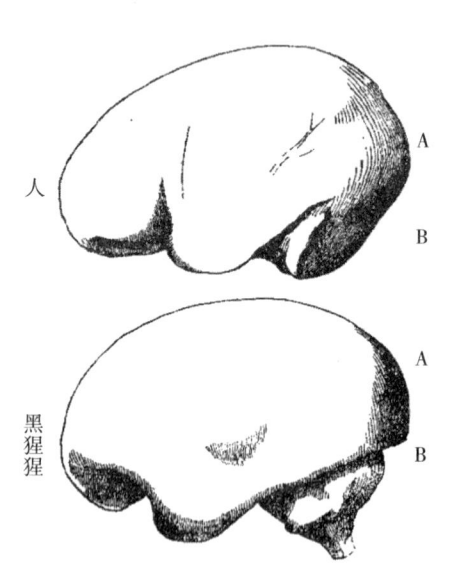

图20 人类和黑猩猩的颅内模拟图，以同样的绝对长度和位置绘制而成：A. 大脑，B. 小脑。（上图是依照皇家外科学院博物馆内的模型绘制的，下图则是依据马歇尔于1861年7月发表在《博物学评论》的文章《论黑猩猩的脑》的颅内模拟照片绘制而成的。黑猩猩的大脑腔下缘的界限是因为其小脑幕保留在颅内，而人类的颅内则没有。黑猩猩的模型比人类的更为精确；人类的大脑后叶向后大大延伸超过了小脑，这是很明显的）

去一种例外），当脸部朝向前方时，小脑幕的附着线几乎都在水平位置上；而大脑腔却常常覆盖在小脑室上，或者向后突出于小脑室的上面。吼猴（图16）的这条附着线斜向上后方，大脑几乎完全不覆盖小脑。狐猴的这条附着线却和低等动物的一样，更倾向于上后方，小脑室大大地突过了大脑室。

就像权威人士所指出的那样，即使是像观察后叶这样容易的科学研究也可能出现严重的错误，所以在观察一些虽然不十分复杂但仍然有必要投入适当注意力的事物时，必然会产生更坏的结果。一个人如果无法看到猿脑的后叶，他就很难针对后角或者小海马提出建设性的意见。这就好比一个人如果无法看到教堂，那他就可能对教堂祭坛后面的屏风或窗上的绘画提出荒谬的意见。所以，关于后角和小海马，我认为没有必要进行讨论。如果我能够使读者相信以下观点，我就心满意足了：猿类的后角和小海马至少和人类的一样发达，甚至可能更发达；不只是黑猩猩、猩猩和长臂猿，生活在旧大陆的狒狒和猴子，还有生活在新大陆的大部分猴类包括狷狨也都是这样。

后叶、后角和小海马是人类大脑所特有的构造的观点曾经被多次提出，甚至已经通过最清晰明了的图解证明事实并非如此，也还是有人固执己见。事实上，现在有足够多的可靠的证据（娴熟的解剖学家对这些问题进行深入研究之后得出的结果），使我们确信这些构造是人类和猿类的大脑所共有的。这些构造是在人类身上所体现出来的猿类特征中最显明的几点。

至于脑的沟回，在猿类中呈现出每一个发展阶段：从狷狨的几乎平滑的脑，到只比人类稍微低等一些的猩猩和黑猩猩的脑。最明显的是，当脑上主要的沟都出现时，其排列方式与人脑上相应的沟是一样的。猴脑的表面呈现出类似于人脑的轮廓的图形，类人猿的脑里则填充了更多的细节。只有一些很细微的特征并没有被包含进去，如前叶上较大的凹陷、人类所不具有的脑裂，以及一些脑回的不同排列模式和比例。这些特征可以把黑猩猩和猩猩的脑在构造上与人脑区分开（图21）。从大脑的构造来讲，我们可以很明显地发现，人类与黑猩猩或猩猩的区别比它们与猴类的区别小。人脑和黑猩猩脑之间的差异与黑猩猩脑和狐猴脑之间的差异相比，几乎可以忽略不计。

但是，我们必须认识到，在绝对质量方面，最低等的人脑和最高等的猿脑之间是有极大差异的。如果我们了解到一只成年猩猩的体重可能比一个博斯杰斯曼人或者不少欧洲女人的体重重上一倍的话，这个差异就更显而易见了。我们还无法断定一个成年人的脑的重量是否会少于31盎司①或者32盎司，又或者大猩猩的脑的最大重量是否会超

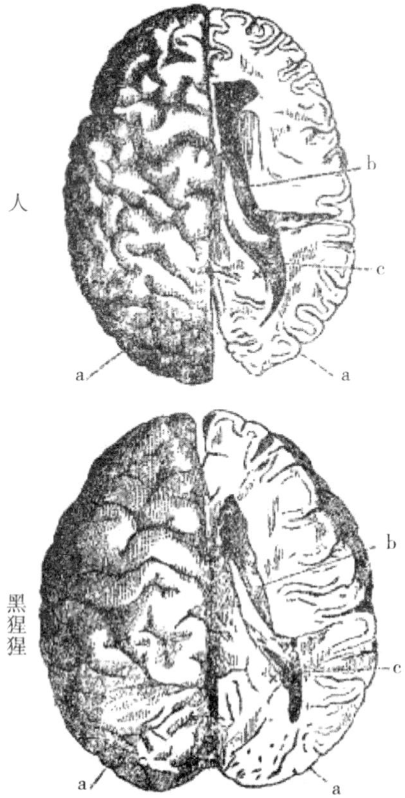

图21 人类的大脑半球和黑猩猩的大脑半球图，用相同的长度来表示各部分的相对比例（第一张是依照皇家外科学院博物馆管理员弗劳尔先生为我解剖的标本绘制的；第二张则是依照前文提到过的马歇尔先生的论文中的一幅图绘制而成的）a.后叶；b.侧室；c.后角；d.小海马

---

① 1盎司=0.028 3千克。——编者注

第二章 人和次于人的动物的关系

过20盎司。

这是一个很值得引起注意的情况，毫无疑问它有助于解释是什么原因使最低等的人和最高等的猿类之间在智力上有巨大的差距。但是，这在系统分类方面是没有价值的，理由很简单，从以上关于脑量的讨论之中，就可以得出结论：最高等的和最低等的人类之间的脑重量的差别，不管是相对重量，还是绝对重量，都比最低等的人类与最高等的猿之间的脑重量的差别大得多。如前所述，最高等的猿类的脑的绝对重量是12盎司（或者可以用32∶20表示相对重量），而人脑重量的最大记录在65和66之间，人脑绝对重量之差大于33盎司（相对重量是65∶32）。在分类系统方面，人脑与猿脑之间的差异还没有超过"属"的特征的价值，"科"的特征则主要来自于其齿系、骨盆和下肢。

所以，不管是哪个器官系统，在猿类系列中对它们的变化作比较研究，都可以得到相同的结果：人类与猩猩和大猩猩在构造上的差异小于它们与比它们低等的猴类之间的差异。

但是，在对这个重要的真理进行说明时，我必须预防一种相当流行的误解。实际上，我发现那些企图将大自然已经告知我们的知识传递给大众的人，往往会曲解或者篡改语句，以至于他们可能会说：甚至人类与动物中最高等的猿类在生理构造上的差异也是不值一提的。所以，让我借此机会郑重申明：正好相反，人与猿的差异非常大。大猩猩的每块骨头都和人类相应的骨头有区别。并且，迄今为止，在"人属"和"黑猩猩属"之间根本找不到一个中间的物种类型。

否认人与猿之间的差异固然是错误且荒谬的，而刻意夸大二者之间的差异，或者只承认二者之间有差异却不顾及差异的大小，也一样是错误且荒谬的。请务必记得，人类和大猩猩之间是没有中间类型的。也不要忘记，在大猩猩与黑猩猩之间，或者黑猩猩和长臂猿之间，也同样有鲜明的分界线，没有任何过渡类型存在。这条分界线虽然很小，但很鲜明。依据生理构造上的差异把人和类人猿分列为不同的"科"是绝对合适的。但这两个"科"之间的差异比同一个"目"中其他科之间的差异小，所以另立一个"人目"是不合理的。

所以，动物分类学的立法者林奈的确有先见之明，一个世纪以来的解剖学领域的研究结果将我们带回到他的结论上去，也就是说：人和猿、狐猴都属于同一个目（林奈将其命名为"灵长目"，这个名称应该保留下来）。如今，灵长目可以划分为七个科，具有类似的分类价值：第一科，人科，只包括人；第二科，狭鼻猴科，包括旧大陆的各类猿猴；第三科，阔鼻猴科，包括新大陆除狨狘以外的各种猴；第四科，狨狘科，包括狨狘；第五科，狐猴科，包括狐猴，但其中的指猴似乎应该被单独划分为第六科，也就是指猴科；第七科是蝙蝠猴科，包括飞狐猴，这是一种奇异的生物，类似于蝙蝠。正如指猴的外形与啮齿类动物相似，狐猴和食虫类动物相似。

也许没有任何一个哺乳动物的"目"呈现出这样一系列的过渡阶段，从最高等的动物渐渐过渡到一些稍低等的动物，再往下就到了有胎盘哺乳类中最低等、最弱小以及智力最不发达的动物。所以，大自然可能早就料想到人类的傲慢，因而作了严密的部署，给人类以理性，使人类在最得意的时候能意识到自己实际上并不比其他物种优越很多。

我在这篇论文的开始处提出的论点就是直接从这些主要事实中得到的。

第二章 人和次于人的动物的关系

我确信这些事实是准确的,所以于我而言,必然会得出这个结论。

如果人类和兽类在生理构造方面的差异小于兽类相互之间的差异,我们就能明白:如果我们可以找到形成一般动物的"属"和"科"的自然过程,这个过程就足以帮助我们了解人类的起源。换言之,如果狷狨可以被证明是从普通的阔鼻猴逐渐演变而来的,或者狷狨和阔鼻猴是从同一个物种进化来的不同分支,那么我们就有理由相信,人类起源的一种情况是从类人猿逐渐演变而来的,另一种情况是人类和猿类有一个共同的祖先。

现在只有一种关于自然作用的学说具有使人信服的证据,换言之,只有一种关于动物的物种起源的假说有科学根据,那就是达尔文先生所提出的假说。至于拉马克,虽然他的很多观点是明智的,但其中掺杂了很多粗劣的甚至不合理的成分,冲淡了他的创造性可能产生的助益,不利于他成为一位稳健审慎的思想家。我曾经听过他宣读一篇论文,题目是"生物的预定连续生成"。但是,一种科学假说最首要的任务是能够使人理解。类似于这样的多方面命题,在从正面、反面或者侧面理解时都应该具有同样的意义。虽然看上去拉马克的假说好像是这么做的,但实际上他并没有真正做到这一点。

因此,关于人类与次于人类的动物之间的关系,现在已经归结为一个更大的问题,就是达尔文的观点是否能够维持下去。但是,如果是这样的话,我们就遭遇到了一个难题,就是我们有责任很谨慎地表明我们真正的立场。

我相信达尔文已经令人信服地证实了他所谓的"选择"或"选择变异"在自然世界中是确实存在的,而且仍然在发挥着作用。而且,他还用充分的证据证明了这样的选择可以产生出新的"种",甚至一些新的"属"。

如果动物之间的差异仅仅局限于生理构造方面，那么我完全可以认为，达尔文已经明确地证明了存在着一种真正的自然界的原因，足以用来说明所有生物种（包括人类）的起源。

但是，在动物和植物的种中，除去其构造上的差异，至少它们中的大多数还显示出生理上的特征，即构造上不同的种，绝大部分不能互相杂交，或者即使它们之间可以杂交，所生的杂种也是无法与其同类的杂种相互交配以繁衍后代的。

但是，一个真正的自然原因要想得到承认，就必须有一个条件，那就是这个原因应该能够说明相关范围之内的所有现象。如果这个原因与某一种现象相抵触，那么这种原因就应该被抛弃；如果这个原因不能对某一现象作出解释，就表示这种解释还不够充分，虽然它可以暂时得到承认，但还不能得到肯定。

现在，据我所知，达尔文的假说符合生物学上的所有已知事实。如果承认这个假说，就能够将发育学、比较解剖学、地理分布学和古生物学等各方面的实际情况互相连接起来，并呈现出一种史无前例的新意义。比如，我就完全相信达尔文的这种假说，即使它不是完全正确的，至少也是接近于真理的，就像哥白尼的假说最接近于行星运动的真实理论一样。

但是，即便如此，如果这一系列证据的线索中缺少一个环节，我们就只能暂时接受达尔文的假说。如果从同一个祖先选育而来的各种动物和植物都有繁殖能力，并且后代也有繁殖能力，那么就会缺少这个环节。因为选育至今仍没有被证明完全符合产生自然种的要求。

在对读者介绍这一结论时，我将尽量使这种观点具有说服力，因为我

第二章　人和次于人的动物的关系

要为达尔文的观点辩护。作为一个辩护人，应以消除真正的困难为己任，并且使不信的人信服。

然而，为了用一种公正的态度对待达尔文先生，我们必须承认，达尔文的假说缺乏对有无繁殖力的条件方面的了解。但是，知识的每一个进步都使我们相信，很多事实都与达尔文的假说相符合，或者至少可以用他的假说来阐释，因而他的证据链条中的缺失也显得无关紧要了。

所以，我相信达尔文先生的假说，因为已经有证据表明可以用选择繁育的方法产生生理种。就像一位物理学方面的哲学家因为已经有证据表明假说中的以太是真实存在的而接受光的波动学说，或者像一位化学家因为有证据表明原子的存在而接受原子学说。基于同样的理由，我相信达尔文的假说，是因为它有大量显而易见的可靠性：它是目前消除和厘清所观察到的事实中的混乱情况的唯一方法；从发明分类学的自然系统和开始胚胎学的系统研究以来，它为博物学家提供了最强大的研究工具。

但是，即使忽略达尔文先生的观点，一切自然界现象的类似都可以提供一个完善的有说服力的证据，以驳斥另一种观点，即认为宇宙中的一切现象的产生都源于一种称为第二原因的干涉。人类与其他物种之间的联系，生物所产生的力量与其他力量之间的联系，都使我确信：从无形的到有形的，从无机物到有机物，从盲目的力量到有意识的智慧和意志，这一切在自然界中都是互相联系的。

在明确和解释了真理之后，科学完成了其使命。如果这本书以科学工作者为特定读者，那么我现在就应该结束了，因为科学工作者们只尊重证据，相信他们的最高责任就是服从于证据，即使这个证据完全不同于他们的理念。

但是，我希望这本书可以传播到更多有知识、有文化的人群中去。如果在我把通过长期的谨慎研究得出的研究结论公布于世时，大多数读者反对这个结论，而我未作任何解释，那就是不应有的懦弱了。

我可能会听到各种各样的声音——"我们是人类，而不是比较聪明的猿类；我们比那些粗野的黑猩猩和大猩猩腿长，脚长得更结实，脑子也更大。不管它们在外表上与我们有多相似，我们的知识、善恶观念、天性中的怜悯之心，都使我们人类超越了一切野兽。"

我只能说这种声音是有道理的，也是值得同情的。但是，我并不是依据大脚趾的尺寸来确定人类的尊严，也不会因为猿类的大脑中也有小海马就认为人类丧失了尊严。相反，我尽力去除这种虚荣心。我一直以来力求证明的是，在构造上，人类和动物之间的分界线并不比猿猴本身之间的分界线更明显。而且，我认为任何从心理方面来区分人类和兽类的企图同样是徒劳的。甚至可以说，像情感、智慧等最高等级的能力在低等动物中已经开始有所显现。同时，我比任何人都更加相信，文明人和兽类之间存在着巨大的差异。而且，我更加坚信不疑的是，不管人类是否是从兽类进化而来的，人类肯定不属于兽类。没有任何人会轻视这个世界上唯一拥有理性和智慧的居民现在的尊严，更不会放弃对人类的未来的期望。

的确曾有一些关于这类问题的所谓权威人士告诉我，这两种不同的意见是不能协调的，人兽同源的概念之中其实包含着人类的野兽化和堕落倾向。但是，真是这样吗？难道聪明的孩子会被一些显而易见的观点和将这样的论调强加给我们的浅薄的辩论者所干扰？难道那些诗人、哲学家或者艺术家（他们的才华使他成为那个时代的光荣）会因为某些确实的历史可能性（更不去谈必然性）跌落下来，成为没有人性的赤裸的野蛮人的后代，他的知识也就使他比狐狸狡猾一点儿，比老虎凶恶一点儿？难道就因为他曾经是一个卵，不能用一般的方法把这个卵和一只狗的卵相互区别开来，所以他就要跳起来疯狂地叫喊，还趴在地上？难道那些博爱主义者或者圣人会因为在对人性的简单研究中发现人具有和野兽一样的私欲和残忍之念就不再致力于过一种高尚的生活了吗？难道就因为母鸡对小鸡表现出母爱，所以人类的母爱就显得微不足道了，或者因为狗是忠诚的，所以人类的忠诚就显得毫无价值了？

民众以其基本常识就可以毫不犹豫地回答这样的问题。健全的人类会发现自己迫切想要从现实生活中的罪恶和堕落之中解脱；将思想上的污秽留给讽刺家和"刻意公正的人"，这些人憎恨一切事物，对于现实世界中的高尚品德毫不知晓，也不能领会人类所拥有的崇高地位。

不仅如此，任何一个善于思考的人，一旦从各种迷人眼目的传统偏见中解放出来的，就会在人类的低等祖先中找到人类伟大能力的绝好证据；而且从人类漫长的进化过程中，找到人类会有更壮丽未来的信心的合理依据。

人们应该记住，在将文明人和动物进行比较时，就好像阿尔卑斯山上的一个旅行家，满眼看到的都是高耸入云的山峦，却并不知道何处是那些暗黑色的岩石和蔷薇色山峰的尽头，天空中的云彩从何处产生的。一位地质学家告诉他：这些壮丽的山峦，其实都是原始海洋底部的固结的黏土，或者是从地底大熔炉中喷出的冷却了的熔岩渣，和那些暗黑色的黏土其实是同一种物质，但是因为地壳内部的力量而上升到了那样壮丽的似乎高不可攀的高度。但是，如果这位惊讶的旅行家最初拒绝相信地质学家的这番解释，也是可以原谅的。

然而，地质学家是正确的。适当地考虑一下他的解释并不会有损我们的尊严和好奇心，反而可以在未受过教育的人的单纯的审美之外，增添崇高的知识力量。

在激情和偏见消失之后，关于生物界里的伟大的阿尔卑斯山和安第斯山脉——人类，我们能够从博物学家的指导中获得同样的结论。人类从不会因为在物质上和构造上与兽类一样而降低了身份。因为只有人类有能力创造那种能够被对方理解的合理的语言。就是凭借这样的语言，人类在生活之中逐渐累积经验，而其他动物在死亡时就失去了这些经验。所以，人类现在仿佛是站在山的顶端，远远高出了他的粗鄙的同伴，从粗野的天性中演进而来，在真理的无限源泉中释放出光芒。

第三章　关于几种人类化石的讨论

我曾力图在前文表明：人科在灵长类中组成了一个界限分明的类群。在现今世界中，人科与比人科低一级但紧相邻的狭鼻猴之间，就像在狭鼻猴与阔鼻猴之间一样，完全不存在任何过渡类型或连接环节。

大家普遍接受这样一种理论：如果我们考虑到动植物演变时期的漫长和不同的继承次序，则只有通过研究比现存生物更为古老的化石生物，才能不断缩小现存生物各有机体间的结构差异。但是，这个理论的根据究竟有多可靠呢？另外根据我们现有知识来看，是否夸大了事实和由此得出的结论？这些问题都很重要，但我现在不想加以讨论。已经灭绝的生物与现存的生物之间有联系的观点，使我们急于探寻最近发现的人类化石是否支持这种观点。

在讨论这个问题时，将只涉及那些来自比利时莫兹河谷恩吉山洞和德国杜塞尔多夫附近的尼安德特山洞的不完整的人类头骨（图22）。查尔斯·伊莱尔爵士已经仔细地研究过这两个山洞的地质情况。他的高度权威性使我对以下结论深信不疑：因为恩吉头骨与猛犸象和披毛犀的化石是一起被发现的，所以它们属于同一个时代。虽然不能确定尼安德特人的年代，但肯定很古老。不管后者头骨的地质年代如何，基于古生物学的普遍原理，我认为前者至少将我们带到了生物发展史上较早的时期。这个界限将现在的地质时代和它以前的地质时代分隔开来。毫无疑问，自从人骨、猛犸象、鬣狗和犀牛的骨头被杂乱地冲入恩吉山洞，欧洲的自然地理就已经发生了惊人的变化。

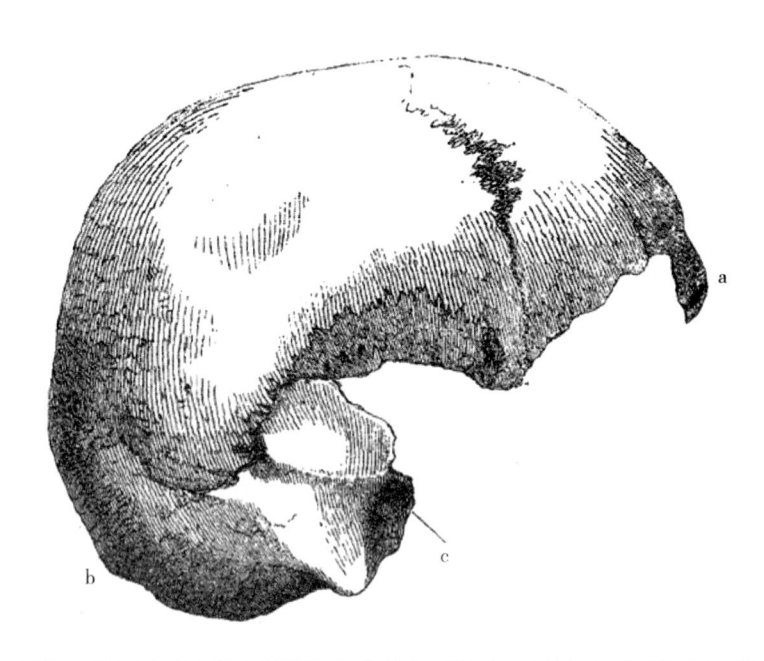

图22 恩吉山洞的头骨（右侧视图。原图的一半大）a.眉间；b.枕骨隆突（a到b，眉间枕骨线）；c外耳道

恩吉山洞里的头骨最开始是什莫林教授发现的，他把这个头骨和其他同时被挖掘出来的遗骸一起进行了描述。从他于1833年出版的著作《对列日省山洞中发现的骨头化石的研究》中，我引用了以下段落，并尽量保持

第三章　关于几种人类化石的讨论

了作者的原意：

"首先，我必须说明，我所拥有的这些人类遗骸与我最近挖掘出来的几千枚骨头碎片一样，从骨头的分解程度来看，都与已经灭绝的物种相同。除了少数几枚外，这些骨头都已经破碎了。其中有一部分骨头被磨圆了，就像经常见到的其他物种的化石一样。这些骨头的断裂面是垂直的或倾斜的，没有受到过风化。它们的颜色与其他动物化石的颜色相同，都是从浅黄色到浅黑色。除了那些表面有石灰质硬壳的骨头以及骨腔中也填满了这种石灰质的骨头外，所有的骨骼都比现代的轻。

"我所画的颅骨是一个老年人的。它的骨缝正在消失。面部骨骼完全缺失，颞骨只有右侧的一块骨片。

"头骨在被陈放在山洞中以前，面骨和颅骨的底部就已经分开了，因为尽管我们顺次搜查了整个洞穴，也没能找到这部分骨头。这个颅骨是在一米半深的地方挖掘到的，藏在一块骨化石角砾岩下，那块角砾岩是由小动物的遗骸以及一枚犀牛的门齿、几枚马和其他反刍动物的牙齿构成的。上文已经提到，这块角砾岩有一米（约 3.25 英尺）宽，从洞底向上有一米半高，非常坚固地附着在洞中的岩壁上。

"这块包含着人类头骨的化石，没有展示出任何被打扰过的痕迹，在头骨的周围有犀牛、马、鬣狗和熊的牙齿。

"著名的布鲁门巴赫曾将注意力聚焦于现存的不同种族的

人类头骨的形状和尺寸。如果面骨这个能帮助我们精确地确定人种的部位没有缺失的话，这一重要的工作会给我们提供很大的帮助。

"我们相信即使头骨是完整的，也不可能确切地说出它属于哪个人种，因为同一种族的不同人的颅骨之间有着巨大的个体差异。我们还相信，根据一块颅骨的碎片推断其所属的整个头骨的形态，很可能出现错误。

"尽管如此，这个化石头骨的任何特点都不可忽略，我们可以发现，长而窄的额骨一开始就吸引了我们的注意力。

"事实上，稍微隆起的狭长的额骨和眼窝的形状更接近于埃塞俄比亚人的头骨，而不是欧洲人的头骨。变长的头形和突出的枕部，也是我们可以在这个头骨化石上观察到的特点。为了消除对这个问题的怀疑，我描述了欧洲人和埃塞俄比亚人颅骨的轮廓，并使额骨突显出来，可以很容易地辨别出这些差别。这张图比那冗长的描述更具有指导性。

"不管我们会得出什么结论，关于这个头骨化石的主人的来源，我们都可以表达一种观点，而不会使自己陷于毫无结果的争论之中。每个人都可以选择他认为最可信的假设。对我来说，我认为这个头骨很可能属于一个智力有限的人，并且我们可以因此得出结论，它属于文明程度较低的人类。我们是通过比较头骨的额部和枕部的容积得出这个结论的。

"另一个年轻人的头骨是在洞内地上的一枚象牙旁发现的。

第三章 关于几种人类化石的讨论

这个头骨在刚被发现时是完整的,但是在拿出来的过程中摔成了碎片。我至今也没能把它粘合在一起。但是我把上颌的骨头画了出来。他的牙齿和齿槽表明他的白齿还没有从牙床中长出来。脱落的乳齿和一些人类头骨的碎片是在同一个地方发现的。图3①是一个人的上门齿,它的尺寸的确很大。

"图4是一片上颌骨的碎片,上面的白齿已经磨损到牙根部。

"我得到了两个脊椎骨,即第一胸椎和最后一个胸椎。

"虽然左侧的锁骨属于一个年轻人,但这块骨头表明他体型巨大。

"两块保存得不是很好的桡骨碎片,表明它属于一个身高不超过五英尺半的人。

"至于上肢骨的遗骸,我只有一段尺骨和一段桡骨。

"上文我曾说过的角砾岩中还发现了一块掌骨,它是在头骨上面的堆积物的下部被找到的。我们还在离这个掌骨很远的地方找到了一些掌骨、六个跗骨、三个指骨和一个趾骨。

"这是在恩吉山洞中发现的人类骨骼的大概的数量。这些人类骨骼属于三个人。在这些人类骨骼的周围有大象、犀牛和未知的某种食肉动物的遗骸。"

什莫林从位于默兹河右岸的恩吉山洞对面的恩吉霍尔山洞里获得了另

---

① 这里的图3、图4及后文的图7均为讲稿中的直接摘选,无图。——编者注

外三个人的遗骸。其中，只有两块是顶骨的碎片，但是有很多肢骨。有一次，一片桡骨破片和一片尺骨碎片被钟乳石的石笋连接在了一起。这种情况在比利时的洞穴里的穴熊骨化石中很常见。

在恩吉山洞里，什莫林教授发现了被钟乳石包裹着的连接在一块石头上的尖状的骨器。他在图7中描绘了这个骨器。他还在比利时的那些有大量骨化石的山洞中找到了经过打制的火石。

圣·希莱尔的一封短信（1838年7月2日发表于《巴黎科学院周报》）谈到了他去列日参观（显然是一次非常仓促的访问）施密特（可能是对"什莫林"的误印）教授的收藏品。作者简要地批评了什莫林著作中的图画，并坚称"人类的头骨要比什莫林图中画得长一些。"其他值得引用的只有下面的这段：

"现代人类的骨骼与我们所熟悉的、在同一地点采集的洞穴中的骨骼之间的差异是很小的。与现代人类头骨的变异相比，洞穴中的头骨几乎没有什么特别之处。因为更大的不同出现在具有明显特征的不同物种之间，而不是出现在列日的头骨化石和被选择用来作比较的不同种类的头骨化石之间。"

我们可以发现，圣·希莱尔的观点表明了他对这些化石的发现者和描述者的哲学思想的一点点怀疑。至于对什莫林绘制的插图的批评，我发现什莫林绘制的侧视图确实比实物短了310英寸，正面视图也缩小了同样的比例。除此之外，什莫林绘制的这些插图没有什么不正确的，它和我这里

第三章　关于几种人类化石的讨论

的石膏模型完全符合。

列日市的卓越的解剖学家斯普林博士把什莫林未作描述的那块枕骨与其他头骨拼接了起来，并且在他的指导下，莱伊尔爵士制作了一个很好的石膏模型。我就是通过这个模型的复制品进行观察的。所附的图是我的朋友巴斯克先生根据复制品的照片描绘出来的，这幅图的尺寸只有原图一半大小。

正如什莫林教授所观察到的，头骨的底部损坏了，面骨完全没有了；但是头骨的顶部，包括额骨、顶骨和枕骨的大部分，直至枕骨大孔，都是完整或接近完整的。左颞骨缺失；右颞骨紧邻外耳门的部分、乳突和颞骨鳞部大部分都保存得很好（图22）。

什莫林在他绘制的插图上忠实地展现出了头骨上的裂缝。在模型上很容易找到这些裂缝的痕迹。骨缝也可以辨认出来。然而，骨缝上复杂的锯齿虽然在图上表示出来了，但在模型上就不是很明显了。虽然和肌肉相连的崤不是特别突出，但是也很好地标识出来了。加上发育良好的额窦和骨缝的特征，我完全可以认为：这个头骨即使不是一个中年人的，也是一个成年人的。

头骨的最大长度是7.7英寸，宽度不超过5.4英寸，相当于两侧顶结节之间的距离。所以，头骨的长度和宽度的比例大约是100∶70。如果从眉部向鼻根部称为眉间（图22a）的地方，到枕骨隆突（图22b）间引一条直线，又从头骨拱形的顶点引一条线垂直于前面那条线，那么这条垂线的长度是4.75英寸。从头骨的上方看（图23A），前额呈现为一条匀称圆滑的曲线，并且延伸为头骨两侧和后面的轮廓线，从而成为一个规则的椭圆形。

101

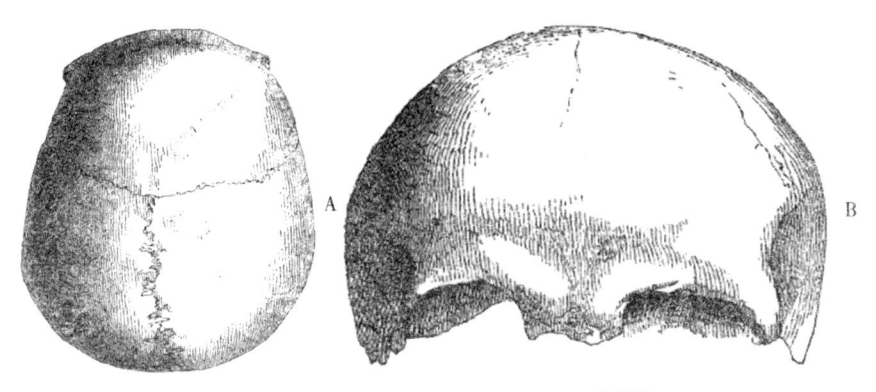

图 23 恩吉洞穴的头骨。A.俯视图；B.前视图

从前面看去（图 23B），头骨的顶部在横切面上呈现为一个规则的优美的弧形。顶结节下方的横径略短于顶结节上方的横径。前额与头骨的其他部分相比并不算狭窄，也不是一种后缩的前额；相反，头骨的前后轮廓形成一个很好的弧形，所以从鼻的凹陷处沿头骨前后轮廓线到枕骨隆突的距离约有 13.75 英寸。头骨的横弧通过矢状缝的中点，从一侧的外耳门到另一侧的外耳门的长度约为 13 英寸。矢状缝本身的长度是 5.5 英寸。

眉嵴（图 22a 的两侧）虽然发育良好，但并不是极度发达，并且被一个位于左右眉嵴中央的凹陷所分隔。我想这是因为额窦部很大，所以眉嵴上的主要隆起变得如此倾斜。

如果把连接眉间和枕骨隆突（图 22a，22b）的一条直线放到水平位置上，那么这条直线后端突出的枕骨部位的长度最多不超过 $\frac{1}{10}$ 英寸。外耳门的上缘（图 22c）几乎在头骨外侧表面与这条直线的平行线相接触。

连接两侧外耳门间的横线，与通常见到的情况一样，横切过枕骨大孔的前方。我们尚未测定这块头骨破片内部的容积。

第三章 关于几种人类化石的讨论

关于尼安德特洞穴中发现的人类遗骸的历史，最好引用记述人沙夫豪森博士的原文（巴斯克翻译的英文译文）：

1857年年初，在杜塞尔多夫和埃尔伯菲尔德间的霍赫达尔附近的尼安德特河谷的石灰岩洞穴里面，发现了一副人类的骨骼。但是，对于这个人类骨骼，我只从埃尔伯菲尔德那里得到了头骨的一个石膏模型。我根据从这个模型上观察到的头骨形态上的特点写了一篇论文。1857年2月4日，我在波恩的下莱茵地区医学与博物学会例会上首次宣读了这篇论文。富罗特博士把这些骨头（最初还不知道这是人的骨头）保存了下来，后来把标本从埃尔伯非尔德带到了波恩，并委托我作更精确的解剖学研究。1857年6月2日，在波恩举行的普鲁士莱茵地区和威斯特伐利亚博物学会的会议上，富罗特博士对发现人骨的地点和现场情况作了全面的介绍。他认为这些骨头可能是"化石"。他在得出这个结论时，特别强调覆盖在骨头表面的树枝状堆积物。这还是迈耶教授最早注意到的。在这个报告里，我还附加了一个简报，报告了我对这些骨头的解剖学观察结果。我所得出的结论是：第一，这个头骨的特异形态，即使在最野蛮的人种中也是从未见过的。第二，这些奇异的人类遗骸是属于凯尔特人和日尔曼人以前的时代的，很可能是拉丁作家们所称的欧洲西北部的一种野蛮人种，他们是在日尔曼人移民过去时遇到的当地居民。第三，这些人类遗骸毫无疑问可以追溯到洪积期最后动物还生存着的时代。但是，发现这些骨头时的情况，不管对于这种假设本身，还是对这些人骨的"化石"性质的确定，都不能提供证据。

富罗特博士关于发掘情况的报告还没有发表，下列记述是我从他的一封信里抄录下来的："这是一个小山洞或岩穴，高度刚能容纳一个人，从洞口往里深达15英尺，宽7至8英尺，山洞开在尼安德特峡谷的南壁上，离杜塞尔多夫约100英尺，高出河谷底部约60英尺。在以前没有受到破坏时，这个山洞口在洞穴前面的一块狭窄的高地上，山洞的岩壁几乎从这里下伸到河里。虽然也可以从上面进到洞里，但是有些困难。洞穴的高低不平的地面上，覆着一层4英尺或5英尺厚的泥土堆，泥土里混杂着一些圆形的燧石碎块。把这些堆积物移去后，就发现了那些骨头。人的头骨是在洞穴中最靠近洞口的地方被发现的，再往里走一些，在同一水平面上发现了其他骨头。关于这些情况，我在现场询问了两个被雇佣来进行清理挖掘的工人，得到了最肯定的实证。最初根本没有想到这是一些人的骨头。直到发现这些骨头几个星期之后，我才识别出它们是人的骨头，才把它们安全地存放起来。因为当时没有察觉到这一发现的重要性，所以工人在采集时很粗心，只收集了一些较大的骨头。所以，我收集到的一些碎块也许是原先完整的骨骼的一部分。"

我对这些骨头进行了解剖学观察，得到下面这些结果：

头颅异常巨大，形状呈长椭圆形。一个最引人注意的特点是额窦特别发达，从而使眉嵴非常突出。两侧的眉嵴在中间完全连结起来。在眉嵴的上方，更准确地说是在眉嵴的后方，额骨上有一个明显的凹陷，在鼻根部分也有一个深的凹陷。前额狭小而低平，但颅顶弧的中央和后面的部分发育得很好。遗憾的是，保存下来的那块头骨碎块只是眼眶和颅顶弧以上的一部分头骨。颅顶弧十分发达，几乎连结在一起成为一个水平的隆起。头骨几乎包括全部额骨、左右顶骨、颞鳞的一小部分和枕骨上方的$\frac{1}{3}$。头骨的断口还是新的，表明是在发掘的时候被弄断的。头骨的颅腔可以容纳16 876格令的水，所以它的容积估计有57.64立方英寸或1 033.24毫升。在进行测定时，可把水放到颅腔内，使水与额骨的眶板、顶骨鳞缘最深的缺口和枕骨的颅顶弧在同一水平面上。根据颅腔内能盛放的干燥的小米的量，测定颅腔的容量为普鲁士药局衡制的31盎司。指示颞肌附着点上部界限的半圆形线虽然不十分明显，但是达到顶骨高度的一半以上。右侧眉嵴的上面有一条斜的凹沟，我猜测是这个人生前所受的伤留下的痕迹。冠状缝和矢状缝完全是分离开的。颗粒状的小凹陷较深，数量很多。冠状缝的正后方有一条很深的脉管沟，沟的末端成为一个孔，显然这是外出静脉通过的孔。额缝的路线通过外面的一条低的嵴显示出来。这条嵴和冠状缝相连接的地方突出成一个小隆起。矢状缝经过的地方成沟状，枕骨角上方的顶骨是凹下去的。

测量数据

内容	毫米	英寸
从额骨的鼻尖突起处到枕骨的上项线的距离	303（300）	12.0
眉嵴和枕骨上项线的周长	590（500）	23.37 或 23.0
从一侧的颞线的中央到另一侧同一点之间的距离	104（114）	4.1~4.5
从鼻突起到冠状缝之间的距离	133（125）	5.25~5.0
额窦的最大宽度	25（23）	1.0~0.9
两侧顶骨鳞缘上最深的凹陷处之间的连结线上方的垂直高度	70	2.75
一侧顶结节到另一侧顶结节之间的头骨后部的宽度	138（150）	5.4~5.9
枕骨上角到上项线的距离	51（60）	1.9~2.4
顶结节处的头骨厚度	8	
枕骨角部的头骨厚度	9	
枕骨上项线处的头骨厚度	10	0.3

除了头骨以外，还得到以下这些骨头：

（1）两根完整的大腿骨（股骨）。这两根大腿骨的特点与头骨及其他许多骨头一样，供肌肉附着的隆起和凹窝都很发达。在波恩市解剖学博物馆里保存着一些被称为"巨人骨"的现代人的大腿骨。把它们与化石大腿骨作比较，虽然化石大腿骨的长度较短，但在粗壮程度上较为接近。

第三章 关于几种人类化石的讨论

比较数据

内容	巨人大腿骨 毫米	巨人大腿骨 英寸	化石大腿骨 毫米	化石大腿骨 英寸
长度	542	21.4	438	17.4
股骨头直径	54	2.14	53	2.0
从内脚踝到外脚踝，下端关节部的直径	89	3.5	87	3.4
大腿骨中部直径	33	1.2	30	1.1

（2）一个完整的右上臂骨（肱骨），从大小来看，与大腿骨属于同一个身体。

测量数据

内容	毫米	英寸
肱骨长度	312	12.3
肱骨中部直径	26	1.0
肱骨头部直径	49	1.9

此外，还有一个与这块上臂骨大小相当的完整的右桡骨和与上臂骨及桡骨同属一个身体的一个右尺骨。

（3）一个左上臂骨，上方缺失了 $\frac{1}{3}$，比右上臂骨细得多，显然属于另一个身体。一个左尺骨，虽然保存完整，但是呈病态的畸形，冠突因为骨质增生而变得很大，肘部看起来不能作大于直角的弯曲。容纳冠突的上臂骨前窝也被增生的骨瘤所填充。同时，鹰嘴向下方弯曲得很严重。骨头上看不出有因佝偻病而萎缩的迹象，也许在活着时受到的损伤是关节僵硬的原因。如果把左尺骨和右桡骨进行比较，那么尺骨比相应关节的桡骨短半英寸多。第一眼看上去好像这块尺骨属于另一个身体。左上臂骨变细和尺骨缩短是前面讲到的病变的结果。

（4）一块近乎完整的左髋骨，与大腿骨属于同一个身体。此外，还有一块右肩胛骨的碎片、一条右肋骨的前部、一条左肋骨的前部、一条右肋骨的后部，最后还有两条肋骨的后部及一条肋骨的中部。通过这些肋骨异乎寻常的圆形和大的弯度，可以判断它们更类似于某种食肉动物的肋骨，而不是人的肋骨。迈耶博士不敢断定这些骨头属于哪一种动物。我也遵从他的判断。这种异常状态只能假定为由胸肌异常发达而引起的。

虽然盐酸处理方法已经证明了大部分软骨都保存在骨头里，根据冯比布拉对一些骨头的观察，可以知道这部分看来已经变成胶质。在所有骨头的表面，都覆盖着一些微小的黑色斑点；在放大镜下观察时，可以看到这些斑点是由极细小的树枝状体构成的。迈耶博士最初在骨头上发现的堆积物，在头盖骨的内面最明显。这种物质的成分中含有铁质的混合物，从颜色（黑色）可以推知其中含有锰的成分。在片状构造的岩石上，经常在微细的裂缝里出现的树枝状结晶体。1857 年 4 月 1 日，迈耶教授在波恩举行的下莱茵协会的会议上声称，他曾经在波佩尔斯多夫博物馆里保存了几种动物的骨化石，特别是在洞熊的骨化石上见到过同样的树枝状结晶体。在从博尔夫和桑德维希的洞穴中出土的马和猛犸象等的化石骨头和牙齿上,这种结晶体更多且更美丽。在从济克堡发掘的罗马人的头骨上也发现有同样的树枝状结晶的微细的痕迹。但是,在埋藏于地下几个世纪之久的其他古代头骨上,则看不到这种痕迹。我引用迈耶关于这个问题的叙述:

"以前认为真正可以作为化石状态的标志的树枝状堆积物,在最初形成时的情况是很有趣的。洪积物中出现的树枝状结晶,曾被认为可以据此区别真正的洪积物和后期混入的骨头。这是因为只有洪积物才会具有这种树枝状的物质。但是,我早就确信不能因为缺乏树枝状结晶就表示那是近代的东西,而有树枝状结晶的物品就是很古老的。我曾在存放不到一年的纸片上见到难以与化石骨头上的树枝状结晶区别的树枝状堆积物。我还从邻近的罗马人的移居地赫德谢姆得到一个狗的头骨。这个头骨无论从哪一点来看,都难以与从法国洞穴里采集到的骨头进行区分。它和一般的骨化石有相同的颜色,并且舌头的黏性也相同。虽然之前在波恩举行的德国博物学会的会议上,这种特征引起了巴克兰和什莫林两人之间的一场有趣的舌战,但是现在已经毫无价值了。所以,单单依据骨头的保存状态还不足以确定它是否是化石。换句话说,它并不能用来确定骨头的年代。"

我们不能把原始世界看作是由与现在完全不同的事物组成的,且它们与现在的生物界之间没有任何过渡型。因此我们现在对化石的定义,在应用到这块骨头上时,已经与居维叶时代所表达的意思不同了。有充分的根据可以说明人类和洪积期的动物共同生存过,而许多未开化的人种，在史前阶段就已经和许多古代动物一起绝种了，只有一些在身体构造上进化了的人种延续下来。这篇论文里所论述的骨头呈现出的特征表明，虽然还不能确定它们的地质时代，但显然是极古时代的物质。还有一点要注意的是，虽然通常是在洞穴的泥土洪积层中发现洪积期的动物的骨头的，但是至今还没有在尼安德特洞穴中发现过这些文物。这些骨头上面覆盖着四五英尺厚的泥土堆积物，但是没有被石笋所掩盖，并且骨头还保存着大部分的有机物质。

这些情况也许可以否定尼安德特骨化石地质上的古老性。我们也不能认为这个头骨的形态代表人类最野蛮的原始类型。因为在现在还存活着的人种中，也有一些头骨在额部并没有呈现出如此突出的形态，从而使头骨表现出与大型猿类相近似的形态，但在其他一些方面，如颞窝深凹、颞线显著地突出成嵴状，以及窄小的颅腔，这些都表示头骨属于低级的发展阶段。没有理由认为额部的深凹是人为变扁平的，就像旧大陆和新大陆总有一些的民族用各种方法使额部变得扁平一样。头骨的左右两侧完全对称，枕部看不到有任何与之相对应的抗压痕迹。据莫顿称，哥伦比亚的"扁头人"的额骨和顶骨总是不对称的。这种头骨额部低度发育的形态，经常可以在极古时代的头骨上见到。额骨的这种形态为人类头骨受文化和文明影响这一事实提供了一个最好的证据。

下节引用的是沙夫豪森博士的论点：

没有任何理由把尼安德特人头骨额窦部分异常的发育状态看作个体上或病理上的变形。这是一种典型的人种特征，并且在生理上是与骨骼的其他部分异于常态的厚度相联系的，其厚度超过普通骨头约一半。额窦是气道的附属部分。这种扩大的额窦也表明躯体在运动时具有异常的力量和耐久力，就像骨骼上一些供肌肉附着的嵴和突的大小所表现出来的一样。从庞大的额窦和明显低平的额骨得出的结论，也可以通过很多其他方面的观察得到证实。依照帕拉斯的研究，可以根据同样特征区别野马和家养的马；居维叶认为可以用同样的方式把化石洞熊与所有各种现代的熊区分开来；鲁林的报道称，美洲的猪如果再野化，就会重新获得与野猪相似的特征。同样，可以用这种方式区别高山羚羊和山羊。最后，斗犬也可根据它的大骨头和十分发达的肌肉与其他种类的狗相区别。根据欧文教授的观点，因为有很突出的眉嵴，所以很难对大型猿类的面角进行测定。因为外耳门和鼻前棘都缺失，所以尼安德特人的头骨就更难以测定。然而，如果根据眶板的残留部分把头骨安放在适当的水平位置，在眉嵴的后方向上引一条直线与额骨的表面相切，就可以发现面角的大小不超过56°。遗憾的是，在表示头部形态上起决定作用的面骨完全没有被保存下来。与身体结构异常强壮的情形相比，颅腔的发达程度似乎较低。头骨残存的部分可以盛31盎司小米。如果把缺失的部分也算进去，那么还要增加6盎司，所以完整的头骨或许可以容纳37盎司的小米粒。蒂德曼测定的黑人的脑容量是40盎司、38盎司、35盎司。

头颅可以容纳36盎司以上的水,即相当于1 033.24毫升;胡希凯计算的一个黑种女人的脑量是1 127毫升;一个老黑人的脑容量是1 146毫升。马来亚人头骨的容量,用水去测量是36.33盎司。矮小的印度人可以少到只有27盎司。

沙夫豪森教授在把尼安德特头骨和其他古代和现代的头骨进行比较后,得到以下结论:

> 总之,尼安德特发现的人类骨骼和头骨在形态的特异性上超过一切人种,从而可以得出它们是一种未开化的野蛮人种的结论。尽管在发现他们的骨骼的洞穴中并未找到任何人工制品的遗迹,也不知道这个洞穴是否是他们的墓穴,或者是像在其他地方发现的已经灭绝的动物的骨头一样,是被水流冲进洞里去的。虽然这些问题都还不能得到解决,但是这些骸骨仍然可以被认为是欧洲早期居民的最古老的遗物。

沙夫豪森博士论文的翻译者巴斯克先生把尼安德特人的头骨和一个黑猩猩的头骨按同一比例大小绘成插图,使我们能够对尼安德特人头骨的原始特点有一个十分直观的概念。

沙夫豪森教授论文的译本发表后不久,因为我想要赠送莱伊尔爵士一个图解,以便在与普通的头骨进行对比时显示出这个头骨的特点,所以我对尼安德特头骨的模型比先前更专心地作了研究。要达到上述目的,我必

第三章　关于几种人类化石的讨论

须从解剖学上对头骨的一些要点作精确的鉴定。在这些特征中，眉间的特征格外明显。但是，当我识别出位于枕外隆突和上项线间的另一特征时，我把尼安德特人头骨与恩吉头骨进行了对照。两个头骨的眉间和枕外隆突被同一条直线所交切，两者的差异很明显，尼安德特头骨的扁平度非常突出，最初甚至使我怀疑里面一定有什么谬误（比较图22和图24A）。我越发感到怀疑，因为在普通的人头骨上，枕骨外面的枕外隆突和上项线与枕骨内侧的横沟和小脑幕附着线是完全对应的。但是像我在前一篇文章里提到的，脑的后叶的位置正好在小脑幕之上，所以枕骨外隆突和我们所说的上项线几乎与脑的后叶下缘一致。一个人可能具有如此扁平的脑子吗？难道是头骨肌嵴的位置有了变化？为了解决这些疑问，同时解决是否巨大的眉嵴是因为额窦发达而引起的问题，我请求莱伊尔爵士找头骨的保管人富罗特博士为我解答某些疑问，并且如果可能的话，帮我弄来一个头骨内腔的模型，或至少有一张图片或照片。

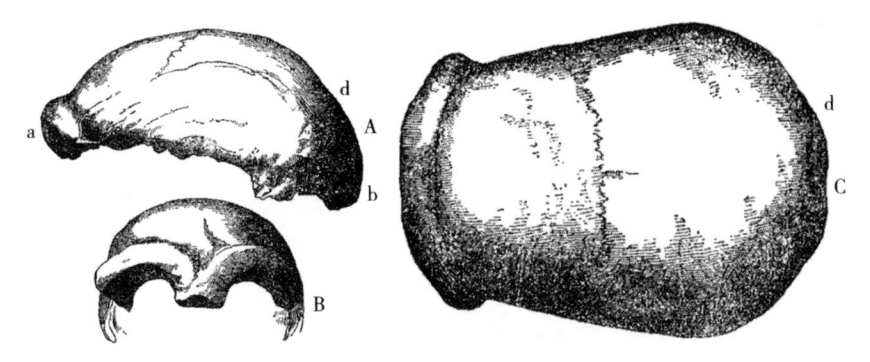

图24　尼安德特人的头骨（由巴斯克先生按照模型和富罗特博士的照片描绘而成）
A.侧视图；B.前视图；C.顶视图
a.眉间；b.枕外隆突；d.人字缝

113

我非常感谢富罗特博士对我的询问及时作了答复。他还送给我三张精致的照片。其中,一张是头骨的侧面,据此照片,描绘成本书的图24A。第二张(图25A)是头骨额部的下表面,显示出额窦的宽广开口。富罗特写道:"一根探针可以插入口内达一英寸之深。"这表明,粗厚的眉嵴在脑腔之外扩展到很大的程度。第三张(图25B)是头骨后部(或枕部)的边缘和内侧。可以非常清楚地看到横窦由两侧向颅顶中线延展与纵窦相会的两个凹陷。所以,显然我的解释并没有错,尼安德特人的脑后叶的确像我所推想的那样扁平。

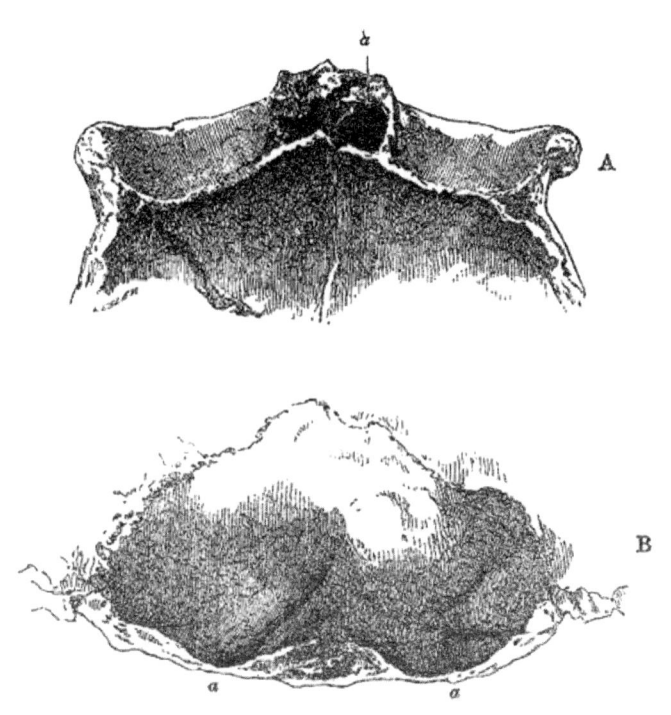

图25 尼安德特人颅骨的内侧(按照富罗特博士提供的照片所描绘)
A. 额部下内侧,表示额窦向下的开口(a);
B. 枕部下内侧,表示横窦的两个凹陷(aa)

第三章　关于几种人类化石的讨论

实际上，尼安德特人的头骨最长能够达到8英寸，而它的宽度只有5.75英寸，换句话说，它的长度和宽度的比例是100：72。它非常扁，从眉间枕骨线到颅顶的高度只有约3.4英寸。用与测量吉恩头骨相同的方法所测得的纵向弧度为12英寸。因为颞骨缺失，所以不能精确地测定横向弧度，但其长度一定超过$10\frac{1}{4}$英寸，大概与纵弧的长度差不多。头骨的水平周长为23英寸。这个巨大的周长在很大程度上源于眉嵴很发达，尽管脑壳的周长并不小。巨大的眉嵴使前额显得比从颅腔内部看到的轮廓更向后倾斜。

从解剖学的视角来说，头骨后部的特征比前部更显著。当眉间枕骨线在水平位置时，枕外隆突占据了头骨的最后部，距离其他部分很远。头骨的枕部向前上方倾斜，从而使人字缝位于颅顶的上面。与此同时，尽管头骨很长，但是矢状缝很短（$4\frac{1}{2}$英寸），并且鳞状缝很直。

在回答我的问题时，富罗特博士写道，枕骨"直到上项线以上的部分都完好地保存着。上项线是一条很强壮的嵴，两端呈线形，中间部分增大，形成两条隆起，中间由一条稍稍下弯的线连接起来"。

"在左侧凸起的下方，这块骨头上出现了一个6拉因（法国度量单位，1拉因等于2.25毫米）长、12拉因宽的倾斜面。"

这个面就是图24A中b以下所显示的面。还有一点特别有意思，虽然枕骨扁平，但是脑后叶向后突出，超过了小脑，而这是尼安德特人的头骨和一些澳大利亚人的头骨的几个相似点之一。

以上就是人类头骨中最著名的两个，它们可以被认为已经成了化石状态。这两个头骨能在一定程度上填补或者缩小人类与类人猿在结构上的差距吗？能否表明这两个头骨与现代人类的典型头骨有着某些密切的联

115

系呢？

如果没有关于人体结构变异范围的初步知识，就不可能形成关于这些问题的任何观点。但是，关于这方面的知识的研究还很不全面。即使对于已知的这一部分，我也只能作一个简单的介绍。

解剖学家完全知道不同个体的器官在构造上多多少少都有一些变异。骨骼在比例上，甚至在某些骨骼的连接上都有一些变异。使骨骼运动的肌肉在附着点上有很大的变异。因为动脉分布情况的变异对外科医生而言是有重要意义的知识，所以曾经被仔细分类。脑的特征变化很大。大脑半球的形状、尺寸和表面沟回的数量等变化比其他部位的变化更大，但是，人类大脑中最容易发生变化的是侧脑室的后角、小海马和大脑后叶突出于小脑的程度。用这些来作为区分人类的特征，是非常不明智的。最后，众所周知，人类的毛发和皮肤在颜色和质地上呈现出很大的变化。

就我们目前所拥有的知识而言，上述构造上的差异主要体现在个体上。在白色人种中偶然会见到和类人猿相似的肌肉排列顺序，但在黑人和澳洲人种中并不常见，所以，不能因为所发现的霍屯督的美女的脑比普通的欧洲人更光滑，左右两侧的沟回更对称，并且更类似于类人猿的大脑，就认为此类人种的脑构造普遍都是这样的，尽管结论很有可能就是这样的。

遗憾的是，我们缺乏除欧洲人以外的其他人种的柔软器官的配置方面的资料。即使是骨骼，我们的博物馆中除了头骨以外，其他部位的骨头都缺乏。这里的头骨足够多。从布鲁门巴赫和坎贝尔最先留意到头骨上所呈

第三章　关于几种人类化石的讨论

现出的显著特征以来，头骨的收集和测量成为博物学热衷于研究的一个分支学科。很多学者对所获得的结果进行了整理和分类。在他们当中，首先要说的是已故的、活跃的而有能力的雷吉斯。

人类的头骨在个体间的差异，不仅仅在于脑壳的绝对尺寸和绝对容量，脑壳长度的比例，面骨（特别是颌骨和牙齿）和头骨的相对尺寸，上颌骨（当然也包括下颌骨）在脑壳前下部向后、向下或者向前、向上伸展的程度都是有差异的。头骨的差异还体现在头骨横径和颧骨间面部横径的关系上；表现在头骨的形状有的圆一些，有的尖一些上；表现在头骨后部的扁平程度或者其向后超出颈部肌肉附着的骨嵴的程度。

一些头骨的脑壳可以被说成是"圆形的"，其最大长度和最大宽度的比例不小于100∶80，或相差更小。拥有这种头骨的人被雷吉斯称为"短头型人"。卡尔梅克人的头骨就是一个非常好的例子。冯·贝尔的著作《头骨精选》一书中收录了卡尔梅克人头骨的侧视图和前视图（图26就是那张图的缩小版）。其他的头骨，例如巴克斯先生的《典型颅骨》中所收录的（图27）黑人的头骨，与上述头骨有很明显的不同之处。这种头骨形状很长，最大长度与最大宽度的比例为100∶67，或者更小。具有这种头骨的人被雷吉斯称为"长头型人"。

117

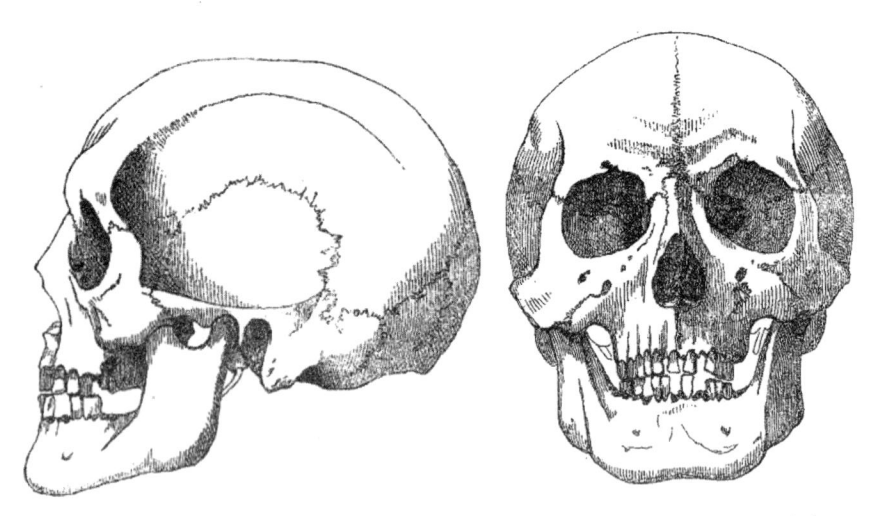

图 26　卡尔梅克人的圆头直颌头骨的左侧视图（左）和前视图（右）（依冯·贝尔）

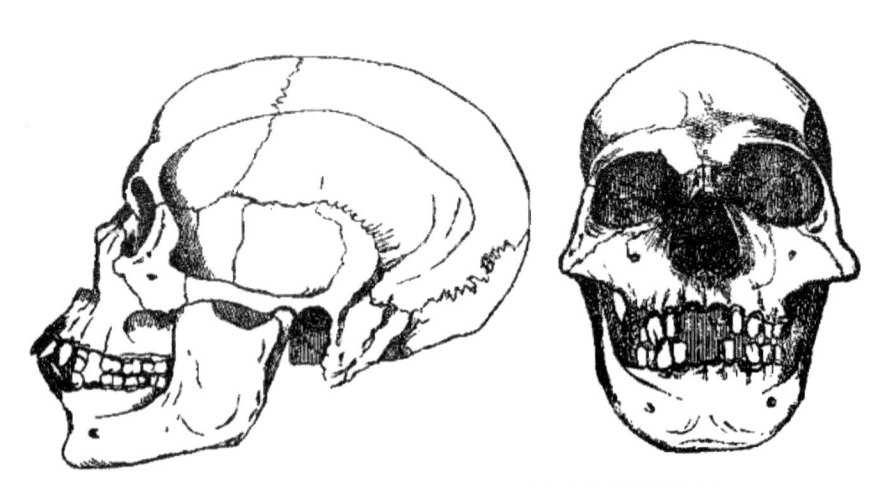

图 27　黑人的长头突颌头骨的左侧视图（左）和前视图（右）

粗略地看一下这两个头盖骨的侧面，就可以证明它们在其他方面的差异也很明显。卡尔梅克人头骨面部的轮廓几乎是垂直的，即面骨在头骨前部下面垂向下方。而黑人的面部轮廓呈现出一种奇特的倾斜，即颌骨前部向前突出超过头骨的前部。前一种头骨被称为"直颌"，后一种头骨被称

118

为"突颌"。"突颌"这一术语等同于撒克逊语的"突吻",虽然不是很文雅,但是很有力量。

可以用很多方法精确地表示出头骨突颌化或者直颌化的程度。很多方法只是把彼得·坎贝尔所创造的面角测定法修改了一下。

但是稍微思考一下,就会明白现有的所有面角测定法都只能粗略地表示出突颌和直颌构造的变化。这是因为从头骨上的点引申出来的形成面角的线,根据头骨上的各个点的种种情况而发生变化。所以,这些面角是在很多复杂情况下形成的,不能表达出头骨各个部分之间的有机联系。

我相信,如果没有在任何情况下都可以作为测量基准的基线,那么不同头骨之间的测量对比就没有什么价值了。应该选择什么线作为基线,我觉得并不难。头骨的每个部分都像动物体的其他部分一样是按照次序发展的。头骨基底在侧壁和壁顶形成之前形成。它比壁顶和侧壁更早转化为软骨,并且转化得更完全。软骨基底部的骨硬化并形成一整块骨片也比顶壁早。所以,头骨基底相对来说是比较固定的部分,顶壁和侧壁相对来说是可动的部分。

从动物到人的头骨的变化的研究也证明了这一道理。

例如,河狸这种哺乳动物通过其头骨(图28)的基枕骨、基蝶骨和前蝶骨引出一条直线(ab),这条线比容纳大脑半球的脑腔的长度(gh)长出许多。枕骨大孔的平面(bc)和这条"颅底轴"形成一个锐角,而小脑幕平面(iT)和"颅底轴"形成90°以上的角。嗅觉神经通过头骨筛板的平面(da)也是如此。在筛骨和犁骨之间引一条通过面轴的线,即"面底轴线"(fe)。这条线如果延长,则可以和颅底轴线(ab)相交,

119

形成一个很大的钝角。

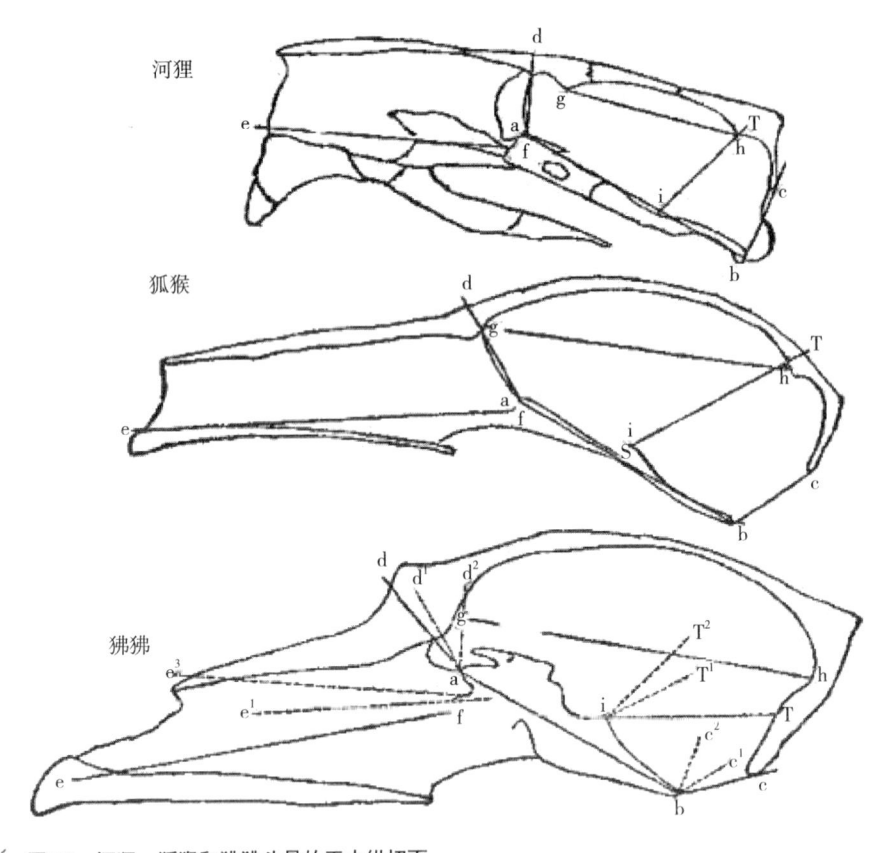

图 28 河狸、狐猴和狒狒头骨的正中纵切面

ab. 颅底轴；bc. 枕骨大孔平面；iT. 幕平面；da. 嗅平面；fe. 面底轴；cba. 枕角；Tia. 幕角；dab. 嗅角；cfb. 颅面角；gh. 容纳大脑半球的颅腔的最大长度或"大脑长"

以颅底轴的长度为100，在三个头骨中，大脑的长度分别是：河狸70、狐猴119、狒狒144。雄性成年大猩猩的脑长度与颅底轴长度的比例是170：100，黑人（图29）是236：100，君士坦丁堡人（图29）是266：100。这样，最高等猿类的头骨和人类的头骨的差异被这些数字非常明显地表现了出来。

狒狒头骨图中的虚线 d1d2 等分别是狐猴和河狸头骨图中的 d 以颅底轴为基准的投影。这几个头骨图上的颅底轴（ab）长度相等。

把 ab 线与 bc 线之间的角称为枕角，把 ab 线与 ad 线之间的角称为嗅角，iT 线和 ab 线之间的角称为幕角，在哺乳动物中，这几个角几乎都成直角，

120

变化范围从80°至110°。efb角，即颅底轴和面轴之间的夹角，可以称为颅面角。这是一个很钝的角，河狸头骨上的这个角至少有150°。

如果考察一下从啮齿动物到人类之间的几种动物的头骨的纵剖面（图28），就可以发现，头骨越高，颅底轴对大脑长度的相对长度就越短，嗅角与枕角就越钝，颅面角因为面轴向下倾斜而变得更锐。同时，头骨的顶壁会变得更为隆起，使大脑半球能够加高并且向后部扩张超过小脑。大脑向后扩张的现象，在南美洲的猴子中达到了最大程度。头骨顶壁隆起使大脑半球得以增高是人类显著的特征。在人类的头骨中，大脑的长度是颅底轴的二至三倍。嗅平面在这个轴的下面形成20°或者30°的角，枕角不是小于90°，而是大到150°或者160°。颅面角成90°或者稍小。头骨的垂直高度和长度之比可能更大。

通过观察图片可以知道，从低等哺乳动物到高等哺乳动物，颅底轴是一条相对固定的线。在这条线之上，颅腔的侧壁、顶壁和面骨，可以随着各骨的位置向下、向前、向后转动，但是，任何一块骨头或平面的弧线，并不总是与其他骨头或平面的弧线成正比。

这样就引出了一个重要问题：我们是否能从人类头盖骨中发现类似于哺乳动物的头骨侧壁和顶壁那样依附于颅底轴的回转？在哺乳动物中，这种回转是比较明显的。很多观察使我相信我们对于这一问题的回答是肯定的。

图29是一张缩小的精心绘制的两个圆头直颌头骨与两个长头突颌头骨的正中纵切面图。这两张图以颅底轴的前端方向作为基准，即作为固定的基线，把两种不同类型的头骨的正中纵切面投影于一处，不重叠的线显示

出两个头骨的差异。

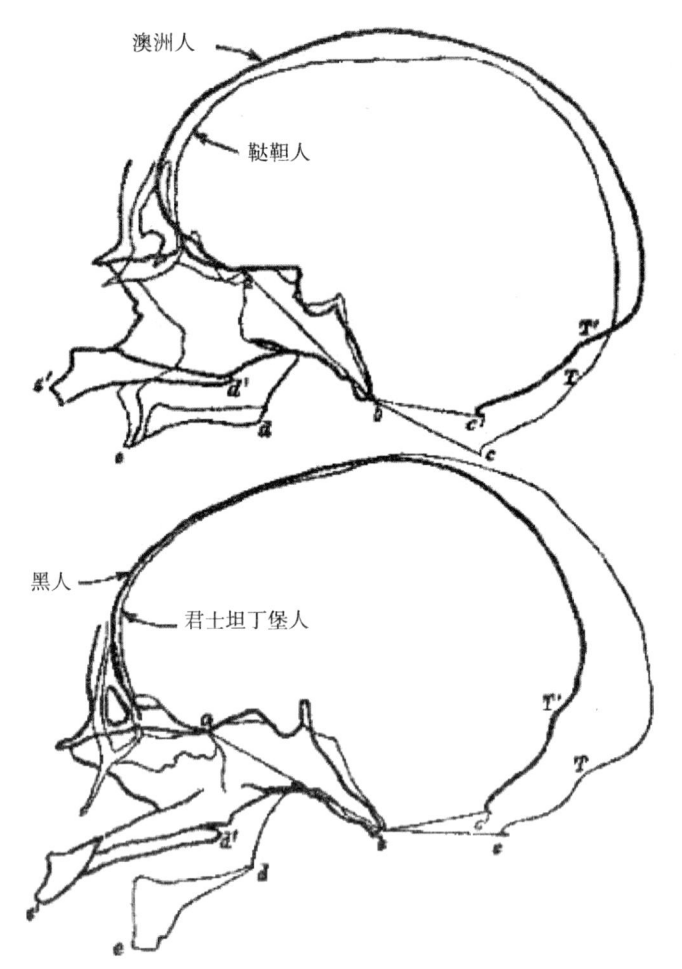

图 29 直颅头骨（细线）和突颌头骨（粗线）切面图
ab.颅底轴；bc,b′c′.枕骨大孔平面；dd′.颚骨后端；ee′.上颌前端；
TT′.幕的附着线。

粗线条的是澳洲人和黑人的头骨。细线条的一个是皇家外科学院博物馆保存的一个鞑靼人的头骨；另一个是从君士坦丁堡的一个坟冢里发掘的

122

第三章　关于几种人类化石的讨论

发育较好的圆形头骨，无法辨别它属于哪个人种。

从图上可以发现，突颌头骨与直颌头骨之间的差异，大致类似于比人类低等的哺乳动物和人类在头骨上的差别，虽然差异的程度要远小于后者。此外，枕骨大孔平面和颅底轴所形成的角，要比直颌头骨所形成的角稍小；筛骨的筛板也存在类似的状况，虽然不像枕骨大孔平面那样明显。令人吃惊的是，相对于直颌头骨，突颌头骨更不像猿，其大脑腔的前部更大程度地超过了颅底轴的前部。

可以发现，这些图显示，脑腔各个部分的容积及其与颅底轴的比例，在各种头骨中变化很大。大脑腔覆盖小脑腔的程度也明显不同。一个圆形头骨（图29，君士坦丁堡人）与一个长形头骨（图29，黑人）相比，脑颅向后突出得更为明显。

如果种族头骨学（专门提供人类不同种族的头骨解剖学特征的学科）的研究想获得可靠的依据，就必须做好以下工作：对人的头骨按照上述方式进行大量研究（如果在民族学标本收藏中有一个头骨没有纵切剖面，会被认为是一件丢脸的事）；按照上述角度与测量项目（包括我在这里不能提到的）测定人类不同种族的头骨，并且全都以颅底轴为基准进行精确的计算。

到目前为止，我认为可以对这个问题进行简略的总结了。在非洲西部的黄金海岸和鞑靼草原之间画一条线。这条线的西南部居住着头部极度长、突颌、卷发、黑皮肤的人，即真正的黑人；东北部居住着头极度短、直颌、直发、黄皮肤的人，即鞑靼人和卡尔梅克人。这条假想线的两端就是民族学上的对跖点。在这条线上画一条垂直的或者近似于垂直的线，经过欧洲和南亚到印度，可以得到一条近似于赤道的线。围绕着这条线，居住着一些圆头、椭圆头、长圆头、突颌和直颌、浅肤色和深肤色的种族。这些种族既不具有卡尔梅克人的特征，也不具有黑人那样的特征。

值得注意的是，上文所提到的对跖点在气候上也是两种极端，形成鲜明的对比。一个是非洲西海岸湿润、闷热、蒸汽腾腾的沿海冲积平原；另一个是中亚干旱、海拔高的草原和高原，冬天非常冷，在地球上离海洋最远。

以中亚为中心，向东至太平洋各群岛和次大陆，向西至美洲，短头和直颌的类型逐渐减少，为长头和突颌的类型所取代。但是，美洲大陆与太平洋地区相比不是特别明显，美洲大陆主要是圆形头骨，但也不全是。最后，在太平洋地区的澳洲大陆和附近岛屿上发现了椭圆形头、突颌、深色皮肤的人种。这种人在很多方面都与黑人不同，民族学者称其为"小黑人"。

澳洲人头骨最显著的特点是狭窄的厚骨壁，特别是眉嵴部分非常厚，这个特征很常见——虽然不是固定不变的——额窦却发育得不是很完全。鼻根严重向下凹陷，使额部明显突出，显现出一种阴险恐怖的面部。头骨的枕区通常稍向外突出，所以不仅不会超过沿眉间枕骨线后端点所作的垂线，有时甚至在这条垂直线的前方突然凹陷下去。这种情况使枕外隆突的上方和下方相互形成一个更为尖锐的锐角，所以颅底后面的斜面如同被刀削过一样。很多澳洲人头骨的高度虽然达到了其他人种头骨高度的平均值，但有一些人的颅顶明显低平。这种低平的头骨因为长径加大，所以脑腔的容积不一定减少。我在南澳洲的阿德莱德港附近见到过的头骨大多数具有这种特征。当地人用这种头骨作盛水工具。为了盛水，将面部敲掉，用一根绳子穿过颅底的小孔和枕大孔，把整个头骨悬挂起来。

图 30 是来自西港的带有下颌骨的头骨和尼安德特人的头骨。把澳洲人的脑盖变平并拉长一些，眉嵴相应增高一些，它就与尼安德特人的化石头骨相一致了。

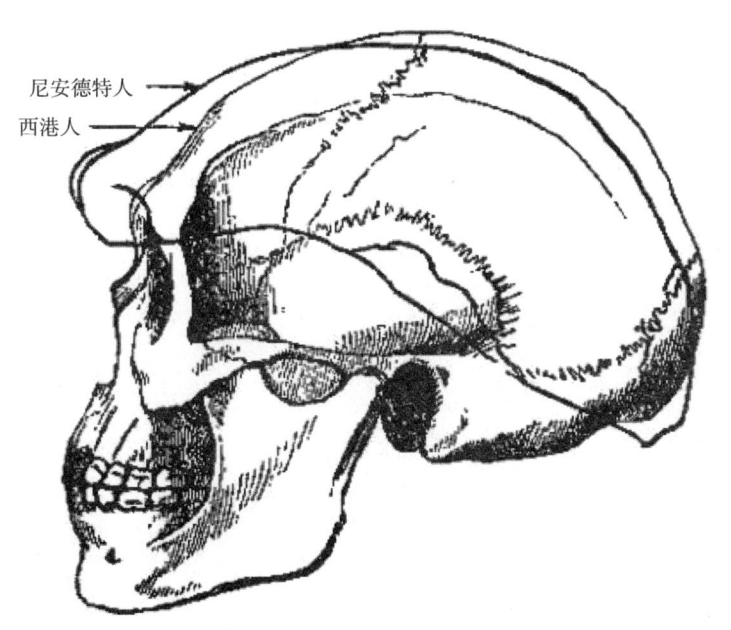

图30 西港的澳洲人头骨（保存在皇家外科学博物馆中）与尼安德特人的头骨的轮廓重叠

让我们回到化石头骨方面，看一看它是否处于现代头骨类型的变异范围中？首先，必须指出，就像什莫林教授介绍恩吉头骨时观察到的那样，恩吉头骨和尼安德特头骨都缺少额骨，所以不能判定他们的颌骨是否比现代人的颌骨更为突出。如上所述，人类的头骨接近于野蛮型的程度，在颌部比在其他部位体现得更为明显。例如，长头型的欧洲人与黑人相比，颅骨的差异远小于颌骨的差异。所以，在人类化石缺少颌骨时，应有所保留地接受对化石头骨与现代人种关系的各种判断。

假设恩吉头骨属于现代人类，我承认我找不到什么特征可以把它归入现代的一个种族。它的轮廓和各种测量数据都与我过去考察过的澳洲人的头骨相似，特别是枕骨趋于扁平这一特征，与我以前讲述的一些澳洲人的头骨类似。但是，不是所有澳洲人的头骨都呈现出这种扁平的趋势，并且恩吉头骨的眉嵴与一般的澳洲人的眉嵴也完全不同。

另一方面，恩吉头骨的测量数据与一些欧洲人头骨的测量数据十分相似。在这个头骨的所有结构中，确实没有原始的痕迹。总而言之，它是一个非常一般的头骨，可能是一个哲学家的头骨，也可能是一个愚钝的野蛮人的头骨。

但是，尼安德特人的头骨则与此大不相同，不管从哪个角度去考虑，从它的头盖的低平程度、宽厚的眉嵴、倾斜的枕部，还是从长直的鳞缝来看，都具有猿类的特征，这是所发现的人类头骨中最类似于猿类的。但沙夫豪森教授认为，这个头骨可以容纳1 033.24毫升或者63立方英寸的水，如果头骨完整，还可以增加12立方英寸，共计75立方英寸，这个容积与莫顿测量的波利尼西亚人和霍屯督人头骨的平均容积类似。

通过脑容量的大小，就能够证明尼安德特人头骨和猿类的头骨趋近，但是没有深入到结构内部。沙夫豪森教授对骨骼大小的测量得出的结论是：测量表明尼安德特人的身高和肢体的比例与中等身材的欧洲人类似。尼安德特人的骨头确实更粗壮，这正是沙夫豪森教授所预料的——发达的骨嵴都是在野蛮人身上。因为居住地的气候条件与尼安德特人的气候条件差别

第三章　关于几种人类化石的讨论

不大，所以缺乏住所和御寒设备的巴塔哥尼亚印第安人也是四肢很粗壮。

所以，把尼安德特人的骨头看成介于人类与猿类之间的人骨是没有任何道理的。这些骨骼充其量只能证明当时存在一个头骨有点倒退到猿类的形态的人种，就像在信鸽、突胸鸽、旋转鸽等种类中，常出现其祖先原始鸽那样的羽毛。尼安德特人的头骨虽然是已知的最类似于猿类头骨的人类头骨，但它并不像最初所看起来的那样孤立。实际上，它是逐渐进化到最高等和最发达的人类头骨的。一方面，尼安德特人的头骨趋近于澳洲人扁平的头骨。另一方面，这种头骨更接近于丹麦某种古代人的头骨——这种古代人生活在石器时代，也可能与丹麦贝塚的建造者处于同一时期或比其稍晚。

巴斯克精确描绘的来自博雷比坟冢的一些头骨的纵向轮廓图与尼安德特人头骨的纵轮廓非常接近，枕部同样凹入，眉崤同样明显，颅骨也同样低平。而且博雷比头骨的前额严重后倾，比澳洲人头骨更接近于尼安德特人的头骨。另一方面，从横径与长径的比值来看，博雷比头骨比尼安德特人头骨稍宽，某些头骨的横径和长径的比达到 80∶100，属于短头型。

综上所述，目前发现的人类化石都无法表明人类更接近于某一种猿人，并从其进化而来。根据现有的关于最原始的人种的认知，可以知道他们制造的石斧、石刀和骨针与现在最原始的人所制造的这些工具具有同样的样式。我们可以相信，从猛犸象、披毛犀的时代直到现在，这些人的习性和生活方式并没有发生多少变化。这些只是我认为可以推想到的结论。

那么，我们应该去哪里寻找最原始的人类呢？最古老的智人出现于上新世还是中新世，或者更久远一些？更古老的地层中的猿类化石更近似于人，还是人类的化石更近似于猿类？这些都需要未来的古生物学家去研究。

时间会给出答案。但是，如果进化论是正确的，那么人类在地球上出现的时间一定比以往所认为的更久远。